广东省教育科学规划课题："新师范"背景下数学师范生教学素养及其发展研究(2021GXJK373)的阶段性研究成果
广东省普通高校人文社科重点研究基地区域教育高质量发展与评价研究院、广东省社会科学研究基地惠州学院粤港澳大湾区教育高质量发展研究中心、惠州学院区域教育发展与评价研究院系列研究成果之一
惠州学院学术出版专项资助

数学教学课例分析与教学设计研究

沈　威　著

U0324370

中国矿业大学出版社
·徐州·

内容提要

本书从如何做数学教学课例分析和如何开展数学教学设计两个方面给出了相关案例，展示了如何着手做数学教学课例分析，如何形成课例点评的文章，如何基于相关理论做教学设计等，大部分案例已经发表在相关数学教育期刊上，为读者提供可资借鉴的样本。

本书适合作为高等师范院校数学本科生、数学课程与教学论方向的研究生的教材或参考书，也可以作为中学数学教师开展教学课例分析与教学设计的参考书。

图书在版编目(CIP)数据

数学教学课例分析与教学设计研究 / 沈威著. —徐州：中国矿业大学出版社，2022.11

ISBN 978-7-5646-5648-5

Ⅰ. ①数… Ⅱ. ①沈… Ⅲ. ①数学教学—教学设计 Ⅳ. ①O1-4

中国版本图书馆 CIP 数据核字(2022)第 211483 号

书　　名　数学教学课例分析与教学设计研究
著　　者　沈　威
责任编辑　张海平　张　岩
出版发行　中国矿业大学出版社有限责任公司
　　　　　　(江苏省徐州市解放南路　邮编 221008)
营销热线　(0516)83885370　83884103
出版服务　(0516)83995789　83884920
网　　址　http://www.cumtp.com　**E-mail**:cumtpvip@cumtp.com
印　　刷　湖南省众鑫印务有限公司
开　　本　710 mm×1000 mm　1/16　**印张** 13　**字数** 254 千字
版次印次　2022 年 11 月第 1 版　2022 年 11 月第 1 次印刷
定　　价　76.00 元

（图书出现印装质量问题，本社负责调换）

前　言

数学教学课例研究是数学教师专业发展的有效途径，是国际上一种非常流行的数学教育教学研究方式。许多数学教育期刊经常刊发数学教学课例研究的文章，俗称“课例点评”。在信息技术高度发达的今天，数学教学课例非常容易获得，数学教师更是每天都在“生产”数学教学课例。对于高等师范院校数学本科生、数学课程与教学论方向的研究生或数学教师而言，如何做数学教学课例分析，深入洞察数学教学课例中蕴含的教学智慧、教学模式、教学方法、教学策略、教学失误等，并将其转化为一篇可以参加评奖或可以发表的课例点评文章，却非常困难。数学教学课例的分析过程对他们来说像一个“黑箱”，他们只是看到一个成型的课例点评文章，却不清楚从数学教学课例的文字稿开始演变为数学课例点评文章的真实过程。

笔者在南京师范大学攻读硕士学位期间，跟随恩师涂荣豹先生学习了如何开展数学教学课例研究，以及如何把一个数学教学课例转化为一篇课例点评文章的研究方法，也就是“研课”。这十多年来，笔者做过许多数学教学课例分析，大部分都已经公开发表在《数学教育学报》《中学数学教学参考》《数学之友》等期刊上，在这期间经常有中学数学教师咨询如何做数学教学课例分析，笔者意识到许多中学教师想做数学教学课例分析，却不知道如何去做。因此本书首先介绍了数学教学课例研究的若干形态，然后向读者展示设计撰写分析性备忘录的工具，如何做数学教学课例分析，如何编码，如何理论化，如何形成文章的框架等过程，这是做数学教学课例分析过程的真实状态，让读者亲身感受是如何做数学教学课例的，如何思考的，等等一个个真实过程。

之后，笔者给出了十多个数学教学课例分析的案例，这些案例都已发表在数学教育刊物上，向读者展示了经历过一系列分析过程之后形成一篇规范的课例分析文章的样子，包括从哪些方面组织文字，如何形成文章架构等。当学会做数学教学课例分析的技术之后，就可养成分析数学教学设计的思维模式，并形成数学教学课例分析的视角，做数学教学设计研究也就比较顺手了。特别感谢曹广福、陆珺、李群和任春草等老师，他们参与了本书部分教学课例研究与教学设计研究的讨论，对相关教学课例和教学设计的完善与发表起到了非常重要的作用。

目前，有关数学教学课例研究方法论的书籍较少，数学教学课例研究的方法论尚在初步发展之中，笔者也在一点一点摸索，很多方面都是一些粗浅的认识，谬误之处在所难免，恳请读者不吝赐教。

沈　威

2022年3月31日

目　录

课例点评篇

教学设计篇

课例点评篇

数学教学课例研究的若干形态①

1 引言

数学教学课例研究是数学教师专业发展的有效途径，是国际上一种非常流行的数学教育教学研究方式，在多个数学教育期刊（或教育期刊）均能见到与之相关的研究文献。基于不同的研究目的，形成了多种数学教学课例研究形态。经过文献梳理，数学教学课例研究在使用语境、课例来源、课例数量规模、课例完整性、课例研究方法、课例研究的理论运用与形成等方面各有侧重。

2 数学教学课例研究的语境名称

数学教学课例研究在不同语境下有不同的名称，主要是研课、课例点评、评课，这三种名称的使用语境反映出我国数学教学课例研究的群体分布、研究目标、研究依据、深入程度，以及对中小学数学教师专业发展的促进价值等。

2.1 研课

研课一般用在科学研究的语境中，其研究群体主要是从事数学教学研究的高校教师，他们扎根于数学教学课例（教学视频＋教学过程文本），运用多种科学研究视角、研究工具、研究方法、研究策略等，不断与课例中的数学教学过程进行对话与互动，对教学过程中的教学目标、教学手段、教学行为、教学内容等做出理性思考，发现教学规律、原理，检验教学假设等，建构数学教学理论或指导数学教学实践，其核心是“科学研究”[1-2]。

研课作为数学课例研究的一种形式，其研究者对数学教学课例做全面、深入、细致的分析，在教学过程中综合运用归纳与演绎思维由外到内、由内到外对课例做通透的理解，研究成果客观全面。研课的全面与深刻决定了其研究过程必然占用大量的时间，且在研究伦理的要求下，发表研究成果时不能公开课例执教老师的单位、姓名等信息，导致如果执教老师不主动向研究者获取研究结果，对数学研课的过程与结果就未必知情，造成研究成果无法直接促进执教老师改进数学教学。

2.2 课例点评

课例点评一般用在基础教育类数学教育期刊栏目设置的语境中，其研究群体主要是中小学数学教研员、教师等，他们综合运用数学教学知识，结合自身教

① 沈威，陆珺．数学教学课例研究的若干形态[J]．数学教育学报，2018，27(3)：76-80.

学经验对数学教学课例(教学视频+教学过程文本)做出经验性的理解,其核心主要是"经验性理解"。目前设置"课例点评"栏目的期刊主要有《中学数学教学参考》《中国数学教育》等,从这些期刊发表的文献看,主要有两类课例点评形式:第一类是期刊先在全国征集数学教学课例,再把征集到的数学教学课例的誊录稿或简案刊登,且把课例的录像通过其网站对外公开,向全国公开征集这些数学教学课例的点评稿,择优刊发。第二类是中小学教师或教研员在教学实践、教学比赛、教学评优、公开课等教学活动中发现一些值得研究与推广的优秀课例,自发地对这些课例做出自己的理解与研究,把数学教学课例及其点评稿同时投向各个期刊,只要被录用,则被同时刊发。

课例点评作为中小学数学教师或教研员交流数学教学经验、改进数学教学方法等的平台,对数学教学的发展起到重要的推动作用。在数学教育期刊的引领下,中小学数学教师与教研员积极参与数学教学课例研究,"课例点评"已经成为上述期刊的金牌栏目。从点评的内容来看,课例点评的主要目的不是发现教学规律、原理以及检验教学假设等,而是对课例中的教学过程做出全面的分析与理解,对改进数学教学实践做出自己的推动。有的研究者不但研究数学教学课例,还把课例的教学过程"搬"到自己的课堂,对其进行检验与试验,在此基础上形成新的数学教学课例点评,在相关的期刊上跟踪刊发。这些点评文章对执教老师完全公开,文章中提出的各种理解与改进意见必然会对执教老师有所触动,因此数学课例点评直接促进了执教老师的数学教学实践及其专业发展。

2.3 评课

评课一般用在中小学数学教研活动语境中,中小学数学教研活动主要有校级、区级(县级)、市级、省级或全国性的,从而形成各类数学教研活动的群体。评课老师群体主要由从事数学教学研究的高校教师、数学教材编写者、中小学数学教研员、名特优教师等组成。中小学数学教研活动的一般过程为执教教师向观摩课现场的教师和评委展示其教学过程,并在结束后对其教学过程做出说明,评委或评课老师对刚刚完成的教学过程做出评价。因为教研活动的现场特征,无法对教学过程做誊录稿,人短时记忆存储的教学过程有限且有部分遗忘,导致评委老师不能对教学过程做出细致全面的分析,只能依据其研究和教学经验对课例进行概要点评,点评的主要目的是提出其教学过程的亮点及如何更好地上好这节课,点评的核心是"概要性评价"。教研活动的现场性对评课老师的评课有限制作用,但是其现场性具有的优点也是数学研课和数学课例点评无法企及的,例如,评课老师现场感受真实的教学过程,能敏锐地捕捉教学过程的诸多细节,且执教教师直接面对评课老师的点评,对点评的所有内容全部知情,可以直接推动其教学实践的优化。

从上述讨论可以看出，三类语境下的数学教学课例研究对数学教育教学理论发展、教学实践改进、教师专业发展的促进作用和价值各不相同，但又从多个角度相互弥补不足。表1可以直观地展示研课、课例点评和评课三类语境下的数学教学课例研究的内涵。

表1　三类语境下的数学教学课例研究

具体内涵	研课	课例点评	评课
使用语境	科学研究	中小学期刊	教研活动
主要群体	高校教师	教研员、中小学教师	高校教师、教材编写者、教研员、名特优教师
研究目标	发现教学规律、检验教学假设	发现教学规律，如何教好这节课	如何教好这节课
研究思维	理性思维	经验思维	经验思维
研究依据	科学研究方法	教学经验	教学经验
研究对象	教学视频＋教学过程文本	教学视频＋教学过程文本	现场教学过程
执教老师的知情权	未必知情	知情	知情
深入程度	全面细致	全面细致	局部细致
研究结论	理论性	实践性	实践性
教师发展	间接促进	直接促进	直接促进

3　数学教学课例研究的课例来源

3.1　命题式数学教学课例研究

命题式数学教学课例研究是指主办方要求研究者或课例点评者对指定的数学教学课例做出相应的研究或点评，例如各级教学比赛、优质课、公开课等，以及数学教育期刊的课例点评征稿等。如果是在各级教学比赛、优质课、公开课等语境下进行的数学课例研究则是数学评课。如果是在数学教育类期刊的课例点评征稿等语境下进行的数学课例研究则是数学课例点评，例如《中学数学教学参考》发布的相关课例点评征文[3]，课例点评者对该期刊发布的相关教学课例进行研究分析，并把研究成果投向该刊物。

3.2　自觉式数学教学课例研究

“自觉”指自己有所认识而主动去做，自己感觉到，自己有所察觉。自觉即内在自我发现、外在创新的自我解放意识。自觉式数学教学课例研究指研究者或课例点评者基于一定的社会使命感或根据自己的兴趣爱好有目的地选择课例开展研究。有的直接去中小学数学课堂录像，有的把教学比赛、优质课、公开课、期刊课例作为研究对象开展研究。例如《中学数学教学案例研究》[4]中的教学案例都是研究者根据其研究需要到中学录像而获得的。自觉式研究课例的获取会受各种条件的限制，并不一定能够在研究者需要的时候就能轻易地获得这些课例，需要根据实际情况有目的、有计划地获取相关数学教学课例。

在课例研究的过程中，兴趣和认识深刻性这两个因素对命题式和自觉式数学教学课例的研究具有重要影响，它们从不同维度影响课例研究者的观点形成。研究表明，人们很难对自己不感兴趣的研究对象有深刻的认识[5]，表 2 从感兴趣且认识深刻、感兴趣且认识不深刻和不感兴趣且认识不深刻三个维度揭示命题式和自觉式数学教学课例研究的影响。

表 2　兴趣和认识深刻性对课例研究者的影响

兴趣与认识的深刻性	命题式数学教学课例研究		自觉式数学教学课例研究
	评课	课例点评	研课
感兴趣且认识深刻	评课深刻，对执教者帮助大	点评深刻，成果能够发表，对读者帮助大	形成深刻、全面的理论，推动数学教育教学理论发展
感兴趣且认识不深刻	评课片面、平淡，对执教者帮助小	点评片面、平淡，成果不能发表，有可能进一步研究	形成的理论片面、平淡，驱动进一步研究
不感兴趣且认识不深刻	评课乏味，对执教者无帮助	可能放弃研究	—

通过多维度组合可以发现，不管是命题式还是自觉式的数学教学课例研究，只有对课例感兴趣且认识深刻，才能对执教者、读者和数学教育理论的发展均有益处。从发展的视角来说，研究者应该对感兴趣且认识不深刻、不感兴趣且认识不深刻的数学教学课例开展深入研究。相关研究表明[6]，面对一个研究对象，有的是在开展研究之前对研究对象感兴趣，有的是在研究过程中对研究对象感兴趣，时间投入直接影响了研究者对研究对象的兴趣程度。因此，只要研究者对认识不深刻的数学教学课例投入一定的时间，结合自己的研究经验和相关文献，就会在研究过程中对研究对象逐渐产生浓厚的兴趣，促进研究者对相关数学教学课例的深刻认识。

4　数学教学课例研究的数量规模

依据数学教学课例的数量规模，可以将数学教学课例研究分为数学教学多课例研究和数学教学单课例研究两种。

4.1　数学教学多课例研究

数学教学多课例研究把多个数学教学课例作为研究对象，可以从更大的研究视野对课例中的教学过程做横向、纵向或交叉研究。由于课例数量多，研究可以获得更一般的结论，具有更强的推广性。例如，沈威对 14 个初中数学复习课例进行了归纳研究，这些课例的教学过程均包括复习相关概念、样例教学、阶段总结和分层作业 4 个基本过程，复习相关概念主要有 3 种策略：一是直接展示或提问相关内容的定义、性质与定理等；二是通过概念性的问题间接考查学生对相关概念本质的理解程度；三是通过改变概念非本质属性，保留概念本质属性的变式题考查学生对概念本质的把握[7]。叶立军对 6 节数学课中新老教师教学语言的使用进行了比较研究，研究发现教师的课堂教学语言有以下特点：① 新老教师都较注重教学语言的使用，总体上以询问语言、肯定式语言和表情式语言为主；② 新教师使用较多的教学语言，但不敢对学生放手，老教师善于使用教学语言引导学生思考；③ 新老教师在新授课和应用课各教学环节中对教学语言的使用存在差异[8]。S. Rossella 对 30 个意大利和 30 个美国八年级数学课堂教学的教师纠错行为进行研究，研究发现意大利学生和美国学生在某些方面具有类似的错误经验，这些差异被解释为复杂的信仰和习俗系统的表现[9]。

4.2　数学教学单课例研究

数学教学单课例研究把一个教学课例作为研究对象，能够使研究者从微观层面对教学过程做出深入、细致的理解，追踪教学的变化过程，揭示相应的教学规律、教学理念、数学思想等。例如，徐伯华等以“数学归纳法”一课为例，展示了教师个体研课的模式，从学科知识、教学目标、教学路线、课题引入、师生交互、例题选用 6 个方面对“数学归纳法”一课进行研究[10]。《中学数学教学参考》刊出的课例点评文章以单课例研究为主。

5　数学教学课例研究的完整性

根据数学教学课例的完整性，可以将数学教学课例研究分为数学教学整案例研究与数学教学片段式研究。从绝对意义上说，所有的课例研究都是片段式的。但是对课例研究的完整性做出分类依然是有意义的，这能够启发或提示研究者从更多视角、更多部分、更多细节、更多理论基础等方面把数学教学课例视为完整的教学系统，对数学教学课例做出全面的研究。

5.1　数学教学整案例研究

对整个数学教学课例以系统性的视角多层次、多方面、多形式、多序列等全面研究课例的各个部分以获得深刻认识的过程被称为数学教学整案例课例研究。整案例研究是相对的，不管研究者如何穷尽教学课例的教学过程，也必然由于研究视角、研究基础、研究方法、研究思路、研究兴趣等局限，使得客观上并不能穷尽教学课例的所有教学过程。数学教学整案例研究能促进研究者对数学教学的系统性思考,把各个参与对象都纳入教学系统中,任何对象发生扰动性的变化,都会对教学过程产生很大甚至根本性的影响。例如,徐伯华等对"数学归纳法"教学的研究,即从整案例的视角对数学归纳法的历史、学生对数学归纳法的认知、课堂教学路线图、课堂教学局部特征等五个方面审视之[10];涂荣豹等主编的《中学数学教学案例研究》[4]以及《中学数学教学参考》刊出的课例研究论文亦都是从整案例的视角对课堂教学做出分析。

5.2 数学教学片段式研究

对数学教学课例的局部或者某一主题做出考查,深入洞察局部教学过程发生的各种细节,揭示局部教学过程蕴含的教学规律、教学思想、数学思想等的过程被称为数学教学片段式课例研究。一般来说,这种研究更多运用于横向比较研究,从中获得局部教学过程的一般规律。例如 S. Rossella 仅对 30 个意大利和 30 个美国八年级数学课堂教学的教师纠错行为的教学片段进行研究[9]。叶立军等对课堂教学研究的主要研究方式是片段式研究,分别对教师提问策略、教师的课堂教学语言、优秀数学教师课堂提问能力等进行了专题的编码定量分析[8,11-12]。陆珺等对两节课的教学结束阶段概括总结进行了专题定量研究[13]。斯海霞等对初中学生的数学课堂参与度进行了定量统计研究[14]。如果把数学教学课例研究的数量规模和完整性相结合,得到如下 4 种数学教学课例研究范式,如表 3 所示。

表 3 不同数量规模与完整性视角下的数学教学课例研究范式

完整性	多课例	单课例
整案例	多课例—整案例	单课例—整案例
片段式	多课例—片段式	单课例—片段式

6 数学教学课例的研究方法

数学教学课例研究有的是针对真实的数学教学课例开展的,研究者与教学课例中的教学过程互动,深入洞察教学的发生过程,并根据自己的亲身感悟、理解等对教学课例进行研究;有的是对数学教学过程的相关变量进行控制,设定控制组与对照组,检验相关研究假设的教学实验研究。

6.1 质的研究方法

陈向明把质的研究方法定义为"质的研究是以研究者本人为研究工具,在自然情境下采用多种资料收集的方法对社会现象进行整体性探究,使用归纳法分析资料和形成理论,通过与研究对象互动对其行为和意义建构获得解释性理解的一种活动”[15]。以此为基础，数学教学案例质的研究方法可初步定义为研究者以本人作为研究工具，把自然情境下的数学教学课例“掰开”，不断与课例中的教学过程互动，交替使用归纳与演绎思维，以描述的方式深入揭示数学教学过程蕴含的教学理念、教学理论、数学思想等，对教学过程做出解释性理解的一种活动。

从已有文献看，数学教学课例研究主要采用质的研究方法，主要包含两个研究方向：一是运用数学教学理论对数学教学过程进行“就事论事”的分析，挖掘教学过程的优点和缺点，对数学教学课例的执教者和读者有直接的促进价值，课例点评和评课语境下的数学教学案例研究即是如此；二是以数学教学案例为基础，建构数学教育教学理论，数学研课就是这种形式[16-17]。虽然数学教学课例研究主要采用质的研究方法，但尚未形成一套可操作性强的质性研究程序，还需要进一步发展与深化这种研究方法。例如，关于研究者如何开启他面对一个数学教学课例的分析历程，如何描述数学教学课例的历程，如何对数学教学过程进行质性编码，如何建立编码之间的关系并形成概念框架，如何解释所建构的概念框架等都还没有可以直接借鉴的研究成果。

此处讨论的数学教学课例质的研究方法不包括哲学思辨的研究方法，但在质的研究过程中却需要这种哲学思辨的思维模式，而且这种思维模式对质的研究起到至关重要的作用。质的研究不包括哲学思辨的研究方法，是因为教学课例的质的研究方法属于实证研究，是行动研究，而哲学思辨的研究方法不是行动研究。

如果把质的研究方法与数学教学课例的数量规模、完整性相结合，得到如下 4 种数学教学课例研究范式，如表 4 所示。

表 4　质的研究方法视角下的数学教学课例研究范式

完整性	单课例	多课例
片段式	质的方法—片段式—单课例	质的方法—片段式—单课例
整案例	质的方法—整案例—单课例	质的方法—整案例—单课例

6.2　量的研究方法

量的研究是一种对事物可以量化的部分进行测量和分析，以检验研究者自己对于某些理论假设的研究方法。数学教学课例量的研究方法可以初步定义为研究者基于某种理论假设，或者不进行理论假设，根据是否需要教学实验，依靠某些研究工具，比如量表、统计表等，对数学教学课例中的教学过程做出数据统计与分析，以此做出解释性理解的一种活动。例如，鲍红梅等提出中学生

CPFS结构生长的四种教学策略：生长策略、变式策略、反思策略和结构策略。在此基础上，通过等组实验的方法，开展一学年的教学实验后，选取两个函数问题对学生进行测试，并对学生答题情况进行统计学的计分与分析，结论为实验班学生的总体成绩呈上升趋势，检验了四种CPFS结构生长的教学策略有效性[2]。叶立军等对初中统计课堂教学提问进行了统计分析，主要获得了如下结论：① 教师提问的数量相对比较少，提示类和理解类的提问类型所占比例较高；② 学生无答的情况较少，但在问题回答中，学生机械性的回答占了较大的比例，教师创新性的问题较少；③ 教师提问难度与学生回答水平有直接的关系[18]。

如果把量的研究方法与数学教学课例的数量规模、完整性相结合，得到如下4种数学教学课例研究范式，如表5所示。

表5　量的研究方法视角下的数学教学课例研究范式

完整性	单案例	多案例
片段式	量的方法—片段式—单案例	量的方法—片段式—多案例
整案例	量的方法—整案例—单案例	量的方法—整案例—多案例

7　数学教学课例研究的理论运用与形成

根据理论形成与应用的方向，可以把数学教学课例研究分为自上而下的理论应用式研究和自下而上的理论建构式研究。

7.1　自上而下的理论应用式研究

自上而下的理论应用式研究是指研究者运用已有的教学理论对教学做出理解性的研究，这种研究既可以是质的研究，也可是量的研究，如果是质的研究，即研究者以分析性、解释性的方式对教学过程进行研究，重点考查教学过程是否符合某些教学理论、教学规律、教学思想、数学思想、学生心理发展规律等；如果采用量的研究，即研究者运用已有的理论做出研究假设，制定研究量表或测量工具，通过数据的形式刻画教学过程中的细节，检验教学过程是否符合研究假设。例如，黄毅英等先建构了MPCK理论框架，而后运用MPCK理论对相关教学案例进行分析[19]；鲍红梅等对完善中学生CPFS结构生长策略提出理论假设，通过对实验班和对照班教学实验的结果进行统计分析，以此对研究假设进行检验[2]。

7.2　自下而上的理论建构式研究

自下而上的理论建构式研究是指研究者在研究之前不带有研究假设，扎根于数学教学课例的教学过程，通过对教学过程的分析、编码、概括、总结等思维操作，归纳出一定数学教学理论的研究过程。例如，涂荣豹基于数学课堂教学研究提出“教学生学会思考”的数学教学原理、“运用研究问题一般方法教学”的原理、“用问题结构推进教学”的原理、“创设情境，提出问题”的原理、“从无到有探究”的原理、“用启发性提示语引导探究”的原理、“反思性教学”的原理、“归纳先导，演绎跟进”的原理、“以寻找思路为核心”的原理等。

8　结语

开展数学教学课例研究，常出现一项研究包含两种或两种以上的形态，例如，徐伯华对“数学归纳法”一课的研究表现出自上而下的研课框架理论运用、单案例、整案例研究的特点，S. Rossella 对 30 个意大利和 30 个美国八年级数学课堂教学的教师纠错行为研究表现出多案例、片段式、自下而上的理论建构式的特点，这些均由研究需要而决定。

虽然数学教学课例的研究文献颇多，研究者对研究数学教学课例亦颇感兴趣，但如何开展相关研究的方法论研究却少之又少。为使数学教学课例研究便于入手，并使研究过程可视化或可操作化，有必要对数学教学课例研究的方法论或与之相关的研究策略、研究路径等做深入分析，促进数学教学课例研究方法论的深入发展。

从事数学教学课例研究，也不宜过分强调形式化的研究方法，而应该紧紧抓住所研究课例中的数学思想、大观点、大概念及其蕴含的数学价值、科学价值等，从学生可持续发展的角度，考查数学教学能在多大程度上引导学生学会发现问题、分析问题，培养数学直觉与思辨能力，促进学生数学思维能力的发展等，进而检验理论假设或建构数学教学理论。既要熟练地运用与发展数学教学课例研究方法，更要牢牢把握课例中的数学本质及其教育功能，否则，研究数学教学课例获得的结论对促进与改善数学教学实践的意义不大。

参考文献

[1] 涂荣豹.“教与数学对应”原理的实践：对“函数单调性”教学设计的思考[J]. 数学教育学报，2004，13(4)：5-9.
[2] 鲍红梅，喻平. 完善中学生 CPFS 结构的生长教学策略研究[J]. 数学教育学报，2006(1)：45-49.
[3] 荀峰. 特别策划：“微课”课例展示与评析(一)：最短路径问题 [J]. 中学数学教学参考(中旬)，2015，15(1/2)：42-44.
[4] 涂荣豹，宁连华，徐伯华. 中学数学教学案例研究[M]. 北京：北京师范大学出版社，2011.
[5] 方世南. 论兴趣在认识中的作用[J]. 江汉论坛，1989(5)：39-42.
[6] 何旭明，陈向明. 学生的学习投入对学习兴趣的影响研究[J]. 全球教育

展望,2008,37(3):46-51.

[7] 沈威,李鹏.透视设计过程 研讨复习规律[J].中学数学教学参考(中旬),2012(6):25-28.

[8] 叶立军,李燕,斯海霞.初中数学新老教师课堂教学语言比较研究[J].数学教育学报,2015,24(4):40-43.

[9] ROSSELLA S. Practices and beliefs in mistake-handling activities:a video study of Italian and US mathematics lessons[J]. Teaching and teacher education,2005(5):491-508.

[10] 徐伯华,涂荣豹.教师个体的研课模式:以“数学归纳法”一课为例[J].数学教育学报,2010,19(4):1-4.

[11] 叶立军,周芳丽.基于录像分析背景下的教师提问方式研究[J].教育理论与实践,2012,32(5):52-54.

[12] 叶立军,周芳丽.基于录像分析背景下的优秀数学教师课堂提问能力的研究[J].数学教育学报,2014,23(3):53-56.

[13] 陆珺,涂荣豹.课堂教学结束阶段概括总结的研析:从两个教学案例出发[J].中学数学教学参考(上旬),2009(1/2):6-8.

[14] 斯海霞,叶立军.基于视频案例下初中数学课堂学生参与度分析[J].数学教育学报,2011,20(4):10-12.

[15] 陈向明.质的研究方法与社会科学研究[M].北京:教育科学出版社,2000:12.

[16] 涂荣豹.谈提高对数学教学的认识:兼评两节数学课[J].中学数学教学参考(上半月·高中),2006(1/2):4-8.

[17] 徐伯华.数学研课的内容框架研究[D].南京:南京师范大学,2012.

[18] 叶立军,李燕.基于录像分析背景下的初中统计课堂教学提问研究[J].数学教育学报,2011,20(5):52-54.

[19] 黄毅英,许世红.数学教学内容知识:结构特征与研发举例[J].数学教育学报,2009,18(1):5-9.

数学教学课例质性分析的过程与方法举例

这是作者为了方便做数学教学课例分析而设计的编码与分析性备忘录模板(表1)和归纳与理论化备忘录模板(表2),这两个表格的设计受到朱丽叶·M.科宾和安塞尔姆·L.施特劳斯的著作《形成质性研究的基础:形成扎根理论的程序与方法》的启发。其中"编码与分析性备忘录"主要是对数学教学过程做分析的表格,是直接面对数学教学过程的文字誊录稿,其中"教学内容"一栏是根据作者的需要把教学片段放在这里,"分析性内容"一栏是作者对这部分教学片段所思所想的分析过程,想到哪里就写到哪里,不拘束自己,发挥分析的创造性。在这一过程中,一些比较概念化的词语或者作者自己创造的相关概念化的词语就放在"编码"一栏,这为后面进一步编码、理论化、概念化等提供初步的概念基础。"结构模型"一栏是对这部分教学内容建构的教学结构模型图,在研究不断推进的过程中,后面的分析性备忘录的结构模型不断建立在之前的结构模型之上,越来越复杂。在研究过程中,作者可能会对前面的结构模型做一些修改,或者推翻之前的结构模型等,这个阶段就是不断产生分析性文字与教学过程结构模型化的过程。

当作者对多个教学片段进行分析之后,需要把这些教学片段的分析性文字做进一步概括与理论化,并且按照最新的理解方式重组之前的分析内容,这就用到了"归纳与理论化备忘录"。"要总结的备忘录标号"一栏是为了作者方便记录,并对那些"编码与分析性备忘录"进一步理论化,把分析性备忘录的编号填进来。"归纳与理论化内容"一栏是将"编码与分析性备忘录"分析性内容放在一起思考,对分析性内容进一步理论化与概念化,抽象程度更高一些,逐步朝着形成一篇文章的内容与结构去组织与思考。"结构模型"一栏是对之前"编码与分析性备忘录"的进一步模型化,争取尽量完善,使得它的结构更加认知化与完整化。在对分析性备忘录理论化的过程中,还会形成新的概念编码,就填写在"概念化编码"一栏。

这就是作者在做数学教学课例分析时使用的小工具,它可以时刻提醒作者要对教学课例做分析,产生分析性的内容,并不断理论化、模型化概念分析性内容,朝着形成一篇课例点评的文章方向发展。

表3～表12是作者做的数学教学课例分析案例,展示了如何对数学教学课例的文字誊录稿做分析的过程。这个分析案例是一个"半成品",但作者要向读

者展示数学教学课例就是这么分析的，文章就是这么形成的，让读者不再害怕做数学教学课例分析。教学课例来源于“中学数学教学参考”微信公众号，这个课例的课题是“中心对称图形——平行四边形复习”，在此向《中学数学教学参考》编辑部和该课例的上课老师表示感谢！

表 1　编码与分析性备忘录模板

备忘录	编码：	时间：
教学内容：		
分析性内容：		

表 2　归纳与理论化备忘录模板

备忘录	概念化编码：	时间：
要总结的备忘录标号：		
归纳与理论化内容：		
结构模型：		

表 3 备忘录 1

备忘录 1	编码： 教学内容：复习平行四边形 引入方式：直接告诉	时间：2021 年 12 月 8 日

教学内容：

T：好，上课，同学们好。

S：老师好。

T：请坐。今天和同学们一起复习平行四边形。

分析性内容：

教师开门见山地指出本节课的学习任务是“复习平行四边形”，这里涉及以下几个方面的思考。

（1）复习的教学模式是什么？有没有不同内容的复习模式？

（2）复习的内容是平行四边形，学生在此之前已经掌握了哪些知识？

（3）复习的目的是什么？要达到这个目的需要怎样的教学预设？

（4）能不能从教学过程分析出本节课生成的教学模式？

我从“今天和同学们一起复习平行四边形”这句话中得到的编码是教学内容是“复习平行四边形”，引入的方式是“直接告诉”。在上课之初教师直接告诉学生本节课“复习平行四边形”是否恰当？是否有更加合适的引入教学内容的方式？是否可以启发和引导学生认识到“复习平行四边形”的必要性，而不是由教师直接告知学生？那么如何启发呢？具体有哪些方法？这与本节课教学目标是否契合？这些问题的答案还需要往下分析才能知晓。这些问题都是撬动思考的“螺丝刀”，待分析到一定程度再来回答这些问题，原因在于我那时对教学过程的把握比现在好得多，目前只是初步分析。

结构模型：

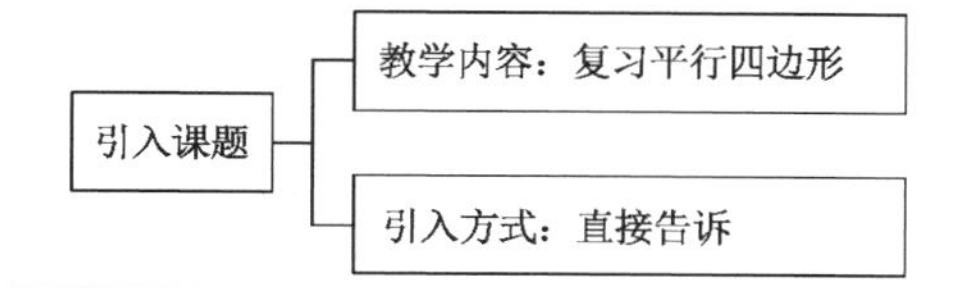

表 4 备忘录 2 课前测

备忘录 2 课前测	编码：教学载体是学案和课前测；学习任务是画图形。 启发性提示语：再想想有没有其他方式	时间：2021 年 12 月 8 日

教学内容：

T：在你们的学案纸上打开之前发给你们的课前测，先画图形，再想想有没有其他方式。

问题 1：如图，以$\angle A$为基础，借助无刻度直尺和圆规，画一个平行四边形，并说明理由。

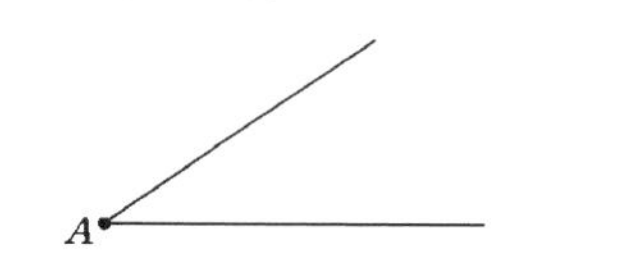

表 4(续)

分析性内容：

教师在本节课开展教学的载体是“学案”。什么是“学案”？“学案”在数学教学中经常被使用吗？“学案”上的内容主要是什么？这些都还需要再分析，争取从中分析出与“学案”有关的内容。教师还提到了概念“课前测”，这个“课前测”与“学案”是什么关系？“课前测”是在本节课之前测还是在本节课上课时测？“课前测”是用来测试的吗？教师对“课前测”打分吗？还是老师给一个某种类型的过程性评价？“课前测”的作用与功能有哪些？教师是如何使用“课前测”的？“课前测”的教学使用方式有哪些？

“课前测”是教师在引入课题之后实施的第一个措施，教师随后的一句话“先画图”，说明了“课前测”的功能之一是让学生“画图”。从教学过程来看，“课前测”的第一个任务是“以$\angle A$为基础，借助无刻度直尺和圆规，画一个平行四边形，并说明理由”，并给出启发性提示语“再想想有没有其他的方式”。

在“课前测”的问题中，画图任务是明确的，是“以$\angle A$为基础，借助无刻度直尺和圆规，画一个平行四边形”，这里蕴含着学生要掌握与理解平行四边形的定义，不然就无法根据要求画出相应的平行四边形。“并说明理由”要求学生不但要能根据平行四边形的定义画出图形，还得用话语准确地说出平行四边形的定义。从复习的角度来看，教师这么做是可取的，复习课从最基本的平行四边形的定义出发，让学生以尺规作图的形式画出图形，之后还要用话语说出理由，这是从图形表示和语言表述两个维度考查与深化学生对平行四边形的定义的理解。在此过程中，学生经历了形成平行四边形概念的完整的认知过程，对他们体会平行四边形中蕴含的几何思想有重要帮助。

“再想想有没有其他的方式”这句启发性提示语具有方法论意义，这句话启发与暗示学生要打开思维，从自己已学的知识结构中搜索与提取“画平行四边形”的多种依据，为当前画图任务提供理论支撑，从而画出符合当前要求的图形。“再想想有没有其他的方式”这句启发性提示语不指向具体的知识性内容，却可以启发学生结合具体的内容打开思路探究与思考出更多的内容，“其他的方式”意在启发与暗示学生要探寻与当前画平行四边形方法并列的数学依据，而不是寻找上下位关系的数学依据。“再想想有没有其他方式”这句话可以应用到数学教学的许多地方，比如判断三角形全等的方法，判断三角形相似的方法，判断线面垂直的方法等几何内容，也可以用在启发学生在因式分解、二次函数求最值、等差数列通项公式的探求等代数内容上。当学生完成这个启发过程后，会把所有的判断方式在其数学认知结构中进行整合、抽象与概括，从而培养与提升他们的数学迁移能力，在深化知识理解水平与提升解题能力上均有益处。

分析到了这里，我想到了这样的问题：课前测中的“以$\angle A$为基础，借助无刻度直尺和圆规，画一个平行四边形”与本节课的课题“复习平行四边形”之间是什么关系？学生在此之前是不是已经都会画图了？还是教师通过画图为接下来的教学环节做铺垫？不管如何，画平行四边形是学生在本节课的第一个学习任务，它将引领本节课的教学，是整节课生成与建构的坚实载体，直接影响整节课的走向，从这个意义上看，“画图”这个环节价值与意义重大。

结构模型：

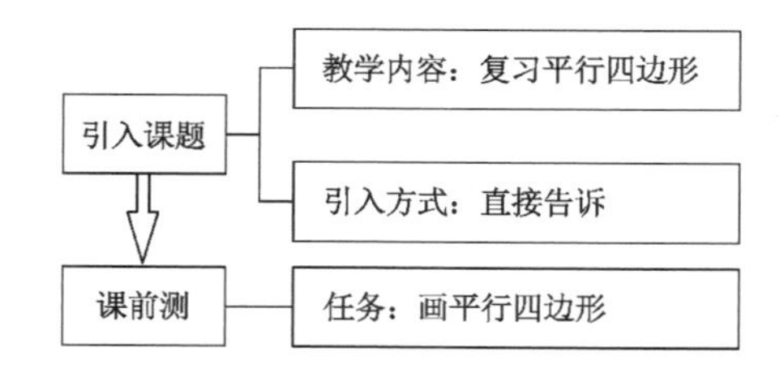

表 5 备忘录 3 探究画图依据

备忘录 3 探究画图依据	编码:画图,画图依据。 启发性提示语:这个画图的依据是什么? 再看看你们还有什么不同的判定方法?	时间:2021 年 12 月 8 日

教学内容:

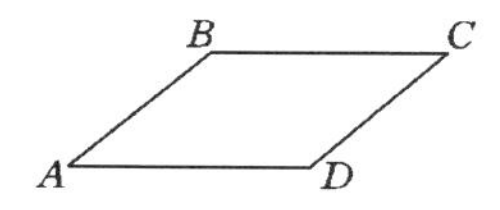

T:来,你讲一下画图的依据是什么。

S:两组对边分别相等的四边形是平行四边形。

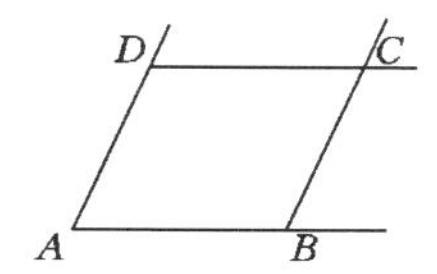

T:哪两组边?

S:BC 和 AD 两个边相等,AB 和 DC 两个边相等。

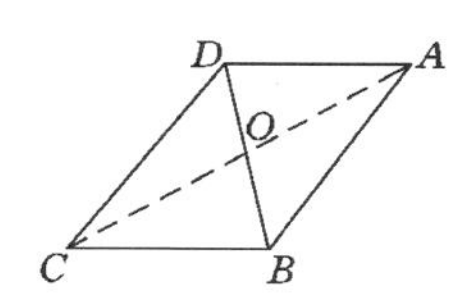

T:请坐。他画的是(板书:$\because AB=DC, AD=BC \therefore$ 四边形 $ABCD$ 是平行四边形)两组对边分别相等,所以四边形 $ABCD$ 是平行四边形。好,你们在学案纸上再看看。刚才下去收了几个。这个谁画的?站起来。

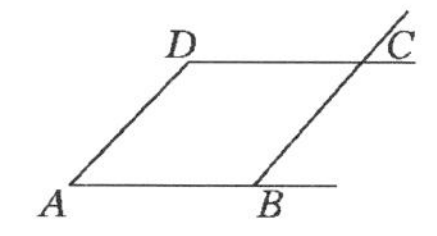

S:这个是两组对边分别平行的四边形是平行四边形,过点 B 作 BC 平行于 AD,过点 D 作 DC 平行于 AB。

T:这个边和这个边平行,是吧?这两组边平行(在大屏幕上标注),同学们一起说用什么方法?

S:两组对边分别平行的四边形是平行四边形。

T:请坐。(板书:$\because AB \parallel CD, AD \parallel BC \therefore$ 四边形 $ABCD$ 是平行四边形)还有吗?有不一样的让老师去拍照,举个手。好,这里。再看看你们还有什么不同的判定方法?

S:一组对边平行且相等的四边形是平行四边形。作 BC 平行于 AD,然后再截取 BC 等于 AD。

T:你们听懂了吗?

S:一组对边平行且相等的四边形是平行四边形,过点 B 作 BC 平行于 AD,再截取 BC 等于 AD。

T:好。请坐。AD 平行于 BC,AD 等于 BC,所以这个四边形是平行四边形。(板书:$\because AD \parallel BC$,$AD=BC \therefore$ 四边形 $ABCD$ 是平行四边形)

表 5(续)

分析性内容:

在学生画完图之后,教师提出的问题是“你讲一下画图的依据是什么”。教师没有直接点评学生画的图怎么样,而是提问学生画图的依据是什么。什么是“画图依据”?画图依据就是平行四边形的定义与相应的判定定理,这是平行四边形的本质属性。教师让学生画一个平行四边形而不是其他图形,意在引导学生把关注点指向平行四边形的本质属性,使学生深刻认识与体会这个图形与平行四边形本质属性之间的关系,强化学生在图形语言与文字语言之间的非人为本质性联系,引导学生区分与辨别画一个图形是平行四边的充分条件。这是区别平行四边形与其他图形的根本依据,深化了学生关于平行四边形的知识结构与数学认知结构。

我还注意到,教师是让学生自己画图自己给出画图依据,而不是教师给出图形让学生说出依据,说明教师重视学生动手画图的过程。学生画图有什么意义与价值吗?这与学生看教师画图之间的关系是什么?对学生理解与把握平行四边形的本质属性有什么不同?对培养学生的几何核心素养有什么意义?想到这里,我想在这里多停留一会,思索让学生画图并把握画图的依据对于培养学生几何素养以及相应核心素养的作用与价值。

学生画图时,需要手、眼、脑等肢体动作与思维动作均参与,需要在其认知结构中回忆和提取与画该图有关的知识和画图的方法,并将相应画图的程序性知识等共同作用于画图动作中,把内在的认识结构与外在的动作结构整合为一个协调统一的画图行为,这种画图行为既是学生是否掌握几何知识的重要表现,也是深化学生几何能力、几何思维与几何素养的基础,这是一个不断深入演化的过程。学生在其认知结构中回忆与提取知识的过程必然涉及更深层次的知识、方法、策略、思想等。

经过教师的提问,学生在画图的基础上回答了画平行四边形的数学依据:一是“两组对边分别相等的四边形是平行四边形”;二是“两组对边分别平行的四边形是平行四边形”。这两个依据分别从两组对边的数量关系与位置关系予以刻画,揭示平行四边形的丰富内涵。这是在教师的提问下学生回答出来的,且回答得比较完整,说明教师的提问能力较强,既能引导学生聚焦思考核心还能给时间让学生完整地把数学依据回答出来。当学生能完整地回答出教师的启发性问题,也就说明学生已经充分掌握与理解了判断一个四边形是平行四边形的充分条件。

在获得两个判定四边形是平行四边形的数学依据后,教师再一次启发学生“再看看你们还有什么不同的判定方法”,这句启发性提示语意在暗示学生还有其他的平行四边形的判定方法,还需要学生继续回忆与提取相关内容,并与前两个判断依据做比较,要找出与前两个依据不一样的才行。这对学生来说不只是简单地回忆与寻找判断平行四边形的依据,而是经历一次梳理与安放这些判断方法的思维过程,把这三个判断依据在其认知结构中整理得井井有条,并建立这三个判断依据之间的内在关系。教师的这个做法强化这三个判断依据在学生的认知结构中的固着点,使这三个认知结构稳固地存储在学生的平行四边形知识图式中,克服正常的遗忘规律。

在学生回答数学依据的过程中,我发现都是学生回答文字性的信息,教师板书相应的符号语言,这样好不好?是不是应该将写出符号语言的机会也让给学生?让学生把判断平行四边形的文字语言与符号语言结合起来,形成完整的语言结构存储在他们的数学认知结构中,在以后需要解决问题或知识迁移时可以顺利地提取出来。但是这个过程如何更好地操作呢?如果让学生在黑板上写出来,就要花费一定的时间,可能会影响教师的教学进度。但也许学生已经掌握了文字语言与符号语言,教师为了节省时间就自己板书出来了,具体情况如何还需要继续向下分析。

表 5(续)

到了这里,我想对教师已经提出的三个启发性提示语做一个分析。现在先把这三个启发性提示语摆出来:一是"再想想有没有其他的方式";二是"这个画图的依据是什么";三是"再看看你们还有什么不同的判定方法"。这三个启发性提示语都具有元认知特征,能对学生的思维过程、思考方法和思维策略等进行引导与暗示。这三个启发性提示语还具有指向元认知监控的特征,暗示学生检查自己的思考过程,并扩大思维动作搜索范围,通过比较相关认知性内容之间的本质特征及关系,确认教师启发与暗示的目标。这个过程是学生在认知结构中独立完成的,培养并强化了学生元认知监控的意识。

"画图依据"的下位概念是下面四个画平行四边形图形涉及的定义与判定定理。学生画平行四边形具有"画图快"和"回答准确"两个维度。"快"说明学生画平行四边形非常娴熟,"回答准确"说明学生把握了画平行四边形的四种"画图依据"。

与"画图快"对应的是"画图慢",这是一个维度,即"画图时间";"回答准确"对应的是回答含糊,这是另一个维度,即"概念清晰度"。这两个维度共同作为"画图依据"的两个下位概念。

"画图依据"是一个高层次概念,在所有几何课程或函数课程中都可以使用这个问题提问学生,具有较强的普适性和启发性。此外,当教师使用"画图依据"这类启发性提示语提问学生,学生较快地画出图形和准确地说出画图依据,说明教师具有较高的数学教学眼界与扎实的数学素养。这里能不能从数学教师的数学教学内容知识的角度展开分析?要尝试一下,争取分析出一些实质性的内涵出来,区别于以往发表在《数学教育学报》上的思路,这才是真正的实证研究。

结构模型:

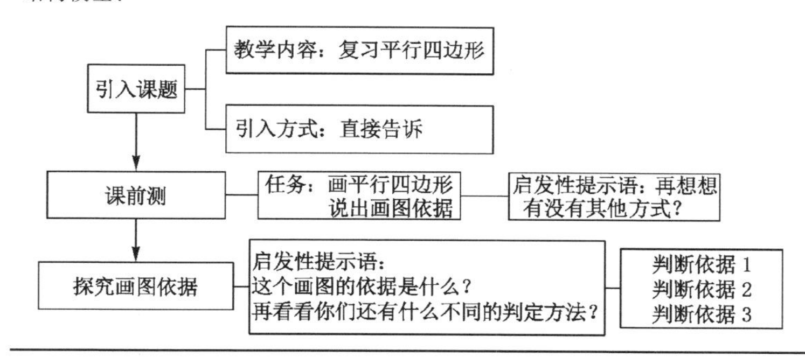

表 6 探索性备忘录 1

探索性备忘录 1	概念化编码:	时间:2021 年 12 月 17 日
要总结的备忘录标号:分析性备忘录 1、2、3		

归纳与理论化内容:

分析到这里,我在书房看《经典扎根理论》这本书中的数据分析内容时,其中的内容提醒我,要时刻思考如何概念化、类属化相关材料。我觉得有必要对前面三个分析性备忘录做一个总结,也就是进一步凸显这三个分析性备忘录中的核心概念。

经过思考,前面备忘录中的"数学依据"和"启发性提示语"这两个核心概念就浮现出来了。我认为"数学依据"这个概念将会是后面分析的核心概念,要围绕这个核心概念开展分析。同时"数学依

表 6(续)

据”这个概念来源于老师的语言表达，属于“本土概念”，后面我要进一步思考“数学依据”这个概念在本案例中的上位概念是什么、并列概念是什么，这样将可以使与“数学依据”有关的核心概念达到理论饱和，我认为“数学依据”属于数学知识，在头脑中属于认知性的，那么“数学依据”的上位概念是“数学认知”吗？可以先这样定下再说，我还想到一个词，当学生思考与探究“数学依据”时是一个思辨的动态过程，能不能改为“数学思辨”呢？先这样定下再说。“启发性提示语”这个核心概念，来源于我对教师的三个启发性问题的编码。“启发性提示语”是涂老师提出来的，是一个大概念，所以我需要把本案例中的“启发性提示语”的编码进一步具体化，找一个恰当的概念进一步准确地刻画这些“启发性提示语”。根据上面的分析，这两个“启发性提示语”具有指向元认知监控的特征，能不能将其具体化为“问题监控”这个概念？把“数学依据”和“启发性提示语”结合起来就是——数学思辨与问题监控：“平行四边形复习”教学示范课的个案研究。

结构模型：

表 7　分析性备忘录 4

分析性 备忘录 4	编码：老师继续提问画图依据；学生说出他的作图过程；老师追问作图是否规范；学生说出画图依据。	时间：2021 年 12 月 20 日

教学内容：

T：刚才看到有这样一个图形，你们看看对不对？这个图形是谁画的？(PPT 展示学生作图)

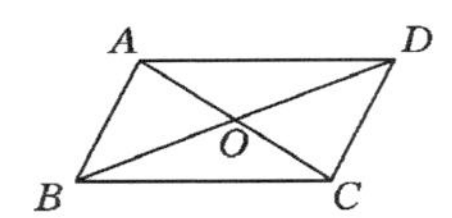

S：我想找 BD 的中点 O，然后以 O 为旋转中心，画一个中心对称图形 $ABCD$，再使它的对边相等，所以 $ABCD$ 是平行四边形。

T：你说的是找 BD 的中点。同学们说差个什么啊？找中点作线段的垂直平分线。

T：好，我来看，请坐。这个同学来看看作图是否规范，看到几个平行线了？点 O 是 BD 的什么点？

S：中点。

T：找中点作垂直平分线，然后下面作——？那你说。

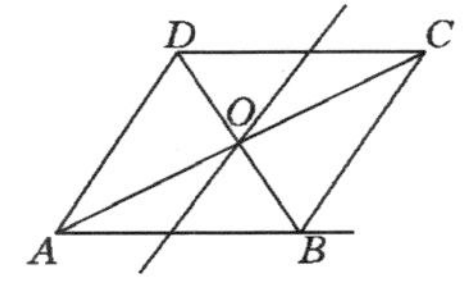

S：然后连接 AO 并延长 AO，截取 AO 等于 CO。

T：嗯，用的什么判定定理？

S：对角线互相平分的四边形是平行四边形。

T：平行四边形的另外一个判定定理，是吧？好，请坐。同学们说平行四边形的判定定理有几个？都已经被同学们找出来了。

表 7(续)

分析性内容：

我把这部分与前面师生讨论的三个数学依据区分开，是因为师生对这个内容讨论的篇幅相对较长，我想看看师生为什么在这个地方花费较多的时间开展讨论。当教师提问是谁画的，学生说“想找 BD 的中点 O，然后以 O 为旋转中心，画一个中心对称图形 $ABCD$，再使它对边相等，所以 $ABCD$ 是平行四边形”，学生这句话表述了构造平行四边形 $ABCD$ 的过程，首先取线段 BD 的中点 O，然后以点 O 为对称中心作线段 AC，那么连接 $ABCD$ 四点就形成了平行四边形 $ABCD$，学生回答 O 为旋转中心应该是口误，或者没有把旋转中心和对称中心的本质关系区分开，即便如此，说明学生也已经扎实掌握了数学知识。

这个数学依据与前三个数学依据的不同之处在于，前三个数学依据是平行四边形边的数量关系和位置关系，第四个依据是基于对角线的数量关系和位置关系确立的。对角线在平行四边形内部，这个作图过程揭示了学生对该判定定理的掌握程度，可以看出学生已经掌握了这个判定定理。

这里需要特别关注的是学生提到了一个概念“画中心对称图形”，“中心对称图形”与平行四边形是什么关系？学生怎么想到“画中心对称图形”？“中心对称图形”指的是什么？似乎不明确。但这引起了我足够的重视，因为这是这节课的课题，是学生从中心对称图形的角度来理解第四个数学依据，学生是无意这么一说，还是教师在本课前已经告诉学生本节课学习与“中心对称图形”有关的内容，学生才这么说的？似乎都还不明确，可继续向下分析。

教师在学生提到“中心对称图形”这个词后，并没有把注意力放在这个词上，而是引导学生讨论如何寻找 BD 的中点，最后引导学生说出第四个画图依据“对角线互相平分的四边形是平行四边形”，说明教师并不急于把注意力放在学生说出的“中心对称图形”上，看得出教师有足够的耐心。

结构模型：

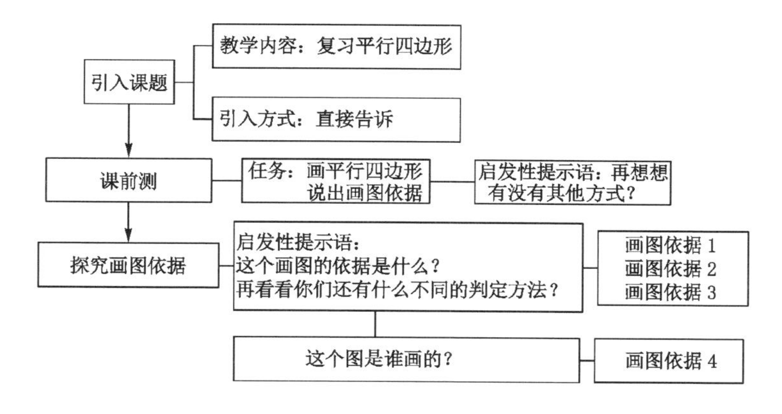

表 8 分析性备忘录 5

分析性备忘录 5	编码：旋转，中心对称图形	时间：2021 年 12 月 20 日

教学内容：

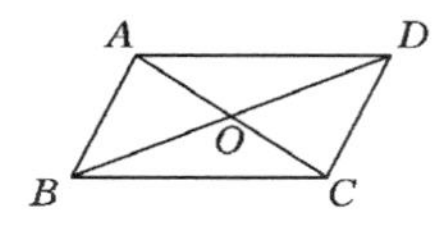

T：连接 AC 和 BD 相交于点 O，O 就是它们的各自的中点。（作图：平行四边形 $ABCD$ 及两条对角线）如果 AO 等于 CO，BO 等于 DO，所以四边形 $ABCD$ 是平行四边形，（板书：$\because AO=CO, BO=DO$ $\therefore$ 四边形 $ABCD$ 是平行四边形）刚才听到这个同学讲的什么旋转，对吧？我在下面这个图作图的过程中也看到这个同学这样来画的。看一看这是谁画的图（PPT 展示学生作图）？好，声音大一点。

S：我就是在$\angle A$ 上面取 C 和 B 两点，然后连接 CB，过点 B 旋转 $180°$，得到三角形$\triangle BDP$。然后是连接 AD 和 CP，得到的四边形是平行四边形。

T：跟刚才一样的，对吧？一样的平分。好，请坐。我刚刚听到你讲的，来继续讲。你刚才说的什么图形，这个图形？

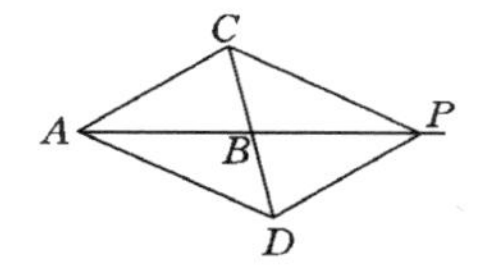

S：中心对称图形。

T：这个图形是中心对称图形吗？

S：是的。

T：来，哪个点是图形的对称中心？

S：B 点。

T：那么，这个平行四边形怎么样？也是？（板书：中心对称图形）

S：中心对称图形。

T：请坐，就是说作对角线的时候，我们还能看到，刚才徐福建同学所讲的一种旋转。对吧？它怎么旋转的？一起说。

S：……

T：旋转包指什么？

S：旋转方向，旋转角度。

T：应该把它说清楚，三角形 ABC 后面再讲。

S：绕着点 B 顺时针旋转 $180°$，得到三角形 BPD。

T：是吧？A 点对应的是点 P，点 C 对应的这个点是点 D。好的，点 D 和点 B 完全重合的点，它是旋转中心。所以，平行四边形也是中心对称图形。

表 8(续)

分析性内容：

前面的教学过程重在引导学生通过画图复习与整理判断一个四边形是平行四边形的依据，通过学生动手画图的过程把相对静态的判定依据予以知觉化和表象化，为学生学习中心对称图形做好铺垫，能减轻学生抽象理解中心对称图形动态概念的负担。到了这个阶段，学生运用旋转变换，把一个三角形绕着某一边的中点旋转 180°得到一个平行四边形，这对学生来说要求较高，要求学生不但要掌握旋转变换的思想方法，还要在其认知结构中动态地作出相应图形，然后才能动手作出平行四边形。在这个过程中，教师的提问显得比较零碎，纵观教师关于这部分内容的提问，有点“挤牙膏”的感觉，此处教师提问的质量不高，缺乏连贯性，教师问一个点，学生回答一个点，没有完整地展现学生思维操作的过程。但教师这么做似乎有他的目的，如果给学生完整表达的机会，可能就跑题了，回不到“中心对称图形”上，所以教师才“强制”设置“路线”，让学生的回答进入教师的预设。教师带领学生复述三角形绕着某一边的中点旋转，便得到一个中心对称图形，这是一个平行四边形。

至此，教师引导学生探讨了如何基于$\angle A$两边得到一个平行四边形的作图依据，通过学生作图与回答相关问题，重新复习与整理了判断一个四边形是平行四边形的数学依据。学生亲身经历了这个过程，建构了平行四边形的弹性图式，图式中蕴含的知识、思想与方法等就易于提取，具有良好的迁移性，复习的目的就基本达到了。

结构模型：

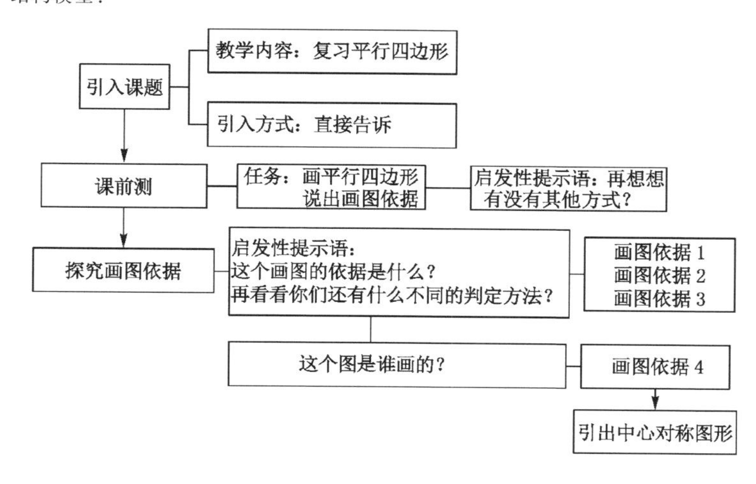

表 9　探索性备忘录 2

探索性备忘录 2	概念化编码：	时间 2022 年 2 月 22 日
要总结的备忘录标号：分析性备忘录 1、2、3、4、5；探索性备忘录 1		

归纳与理论化内容：

到了这里，教师需要再停下来对之前的分析做理论归纳与提升。根据后面的教学过程来看，之后是一个泛化平行四边形的本质属性的过程，即改变平行四边形判定方法的本质属性，保留其非本质属性，形成一些错误的命题，让学生进一步辨认泛化的命题，判断这些命题是真命题还是假命题，并举出相应的反例，从而判断出错误的命题。揭示了教师从上课开始到现在这个阶段，教师的预设让学生正面揭示与整理判断一个四边形是平行四边形的本质属性，以此形成判断一个图形是平行四边形的弹性图式。

此时，我觉得上面的归纳与理论总结没有达到我预想的高度，也没有能够从数学认知与数学思想的维度予以归纳并理论化，我认为有必要在这里重新归纳与理论化。

教师从上课开始，以$\angle A$为基础，让学生借助无刻度直尺和圆规画一个平行四边形，并说明理由，之后围绕“画图依据”展开讨论，得到画平行四边形的四个“画图依据”。学生通过这个过程在其认知结构中形成了判定一个图形是平行四边的 CPFS 认知结构，特别是形成了平行四边形判定定理的命题域，使得这个命题域表现出“系统性”的特征，培养了学生掌握平行四边形判定定理的智力动作，例如分析、综合、比较、抽象和具体化等，这些智力动作不仅是学生掌握与理解平行四边形判定定理的工具与手段，它们本身也是学生掌握的对象，是学生数学思维必不可少的操作工具。上述智力动作要概括平行四边形的方式与内涵，表现出学生在其认知结构中形成平行四边形的 CPFS 结构时，建构了确定平行四边形 CPFS 结构特征的运演系统。并且学生要掌握该运演系统的逻辑关系，理顺四个画图依据之间的上下位关系还是并列关系，并都归入平行四边形这个大概念系统中。这种确定概念特征的运演系统构成了学生建构平行四边形 CPFS 结构的特殊心理机制，离开这种特殊的心理机制，学生无法建构平行四边形判定定理的 CPFS 结构，也无法有效迁移相关判定定理解决问题，这种由思维动作之间相互配合形成的概念操作运演系统对数学概念系统予以控制与管理，并决定了相关概念在概念系统中的位置与运用价值。

结构模型：

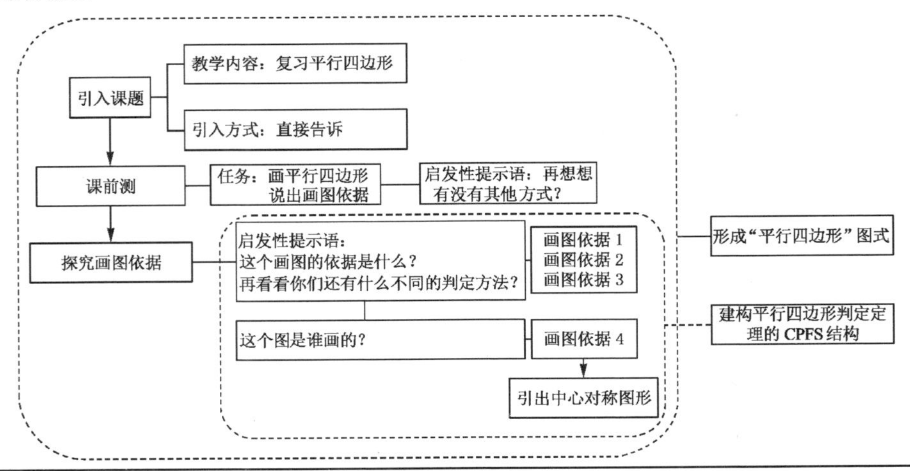

表 10　备忘录 6

备忘录 6	编码：互逆关系，性质定理，判定定理，猜想，文字语言，符号语言	时间：2022 年 2 月 28 日

教学内容：

T：就我们刚才说的，所描述的这个几个依据当中，我们说这个是什么？定义平行四边形的定义(自问自答)。平行四边形的定义既可以作为性质，也可以作为什么？

S：也可以作为判定。

T：所以它的性质从哪些方面来考虑的？

S：边、角、对角线研究图形。

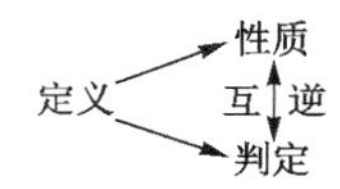

T：好。边、角、对角线。反过来满足一些条件，我们也能够得到这个四边形是平行四边形。正如刚才同学们所说的，四边形是平行四边形，它们之间是互逆的(板书)，对吗？好，这些我们所学的，满足一些条件当中，还有图形是平行四边形吗？有吗？那你说。

S：嗯，菱形、矩形和正方形都算是平行四边形。

T：嗯，它是特殊的平行——

S：平行四边形。

T：好，我讲的是满足哪些条件还能够得到四边形是平行四边形？正确的结论有哪些？

S：两组对角分别相等。

T：两组对角分别相等(板书：正确结论)，我们先来讲哪个角？(板书：$\angle A=\angle C$，$\angle B=\angle D$)

S：$\angle A$ 等于 $\angle C$，$\angle B$ 等于 $\angle D$，所以四边形 $ABCD$ 是平行四边形。

T：你们说对不对？你们会证明吗？好，这个文字性证明题留到课后同学们自己去证明。两组对角分别相等的四边形是平行四边形，好，请坐。来，再看看还有吗？哪位同学举手？话筒传过去。

S：$\angle A$ 等于 $\angle C$，AB 平行于 DC。有一组对边平行，且有一组对角相等的四边形是平行四边形(板书：$AB \parallel DC$，$\angle B=\angle D$)。

T：用符号化语言表示了一组对边平行，一组对角相等，那这组对角相等可以吗(结合图形讲解)？

S：可以。

T：可以，留给你们自己去证明，好。请坐。那其实像这样正确的命题还有很多，我们就不一一列举了。

表 10(续)

分析性内容：

在讨论四个画图依据之后，教师把话题一转，由具体的平行四边形判定定理转向了更具一般性的讨论，即数学定义与数学性质之间的关系。数学定义、数学性质与数学定理之间是什么关系呢？数学性质是数学表观和内在所具有的特征，是一种事物区别于其他事物的属性。数学定义是数学对于一种事物的本质特征或一个概念的内涵和外延的确切而简要的说明。数学定理是指在既有命题的基础上证明出来的命题，这些既有命题可以是别的定理，也可以是广为接受的陈述（来源于百度），我查阅一些文献没有找到数学定义、数学定理与数学性质的明确界定，看到百度上的有关定义，觉得上述这个界定说得比较合适，暂且使用这个定义。从数学定义、数学定理和数学性质的界定看，它们之间的关系还是不同的。由定义决定了性质和定理这是容易理解的，但是定理与性质是互逆关系，这种说法并不不严谨，互逆关系是数学中一种重要的关系，即把原命题的条件与结论互换就得到逆命题，但是原命题为真，逆命题却未必为真，虽然我明白老师的意思，但是老师在课堂上应该给予严谨的表述：判定定理与性质定理之间是互逆关系。

教师在此处为何要引入定义、性质与定理的关系？从后面可以看出，就是为了让学生理解与掌握平行四边形的判定定理与性质定理之间的互逆关系，并根据这种互逆关系对判定定理与性质定理开展合情的推理与猜想，在此基础上，引导学生按照数学研究的一般方法对猜想的结论进行演绎推理，如果能推理出结论就说明猜想为真，反之则说明猜想为假。由此，教师引导学生根据平行四边形性质定理展开猜想，得到平行四边形的判定定理：两组对角分别相等的四边形是平行四边形；有一组对边平行，且有一组对角相等的四边形是平行四边形。在得到文字语言表述之后，教师指出要用符号语言予以刻画，把文字语言与符号语言建立非人为的本质性的联系，归入平行四边形的概念体系中，形成更加充盈的平行四边形图式。当这些命题按照数学概念的逻辑关系归入平行四边形的概念体系中，便使得平行四边形图式内部相关概念之间关系更加网络化、有序化与组织化，在解决问题时，便于提取与运用。

结构模型：

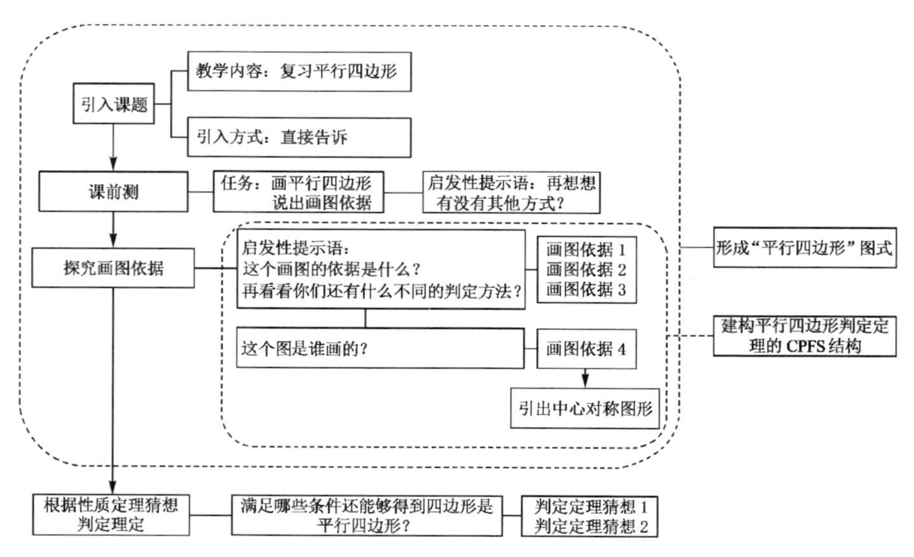

表 11　备忘录 7

备忘录 7	编码:反例	时间:2022 年 3 月 1 日

教学内容:

T:在你平时的学习过程当中,有一些条件提供给你,不能够判断这个四边形是平行四边形的,还有例子吗？列举两个,来,话筒传过来。

S:有,一组对边平行和另一组对边相等(板书:不正确结论)。

T:平常列举的图形是什么?

S:等腰梯形。

T:来看看这个图形满足什么条件?

S:AB 等于 DC。

T:AB 等于 DC。

S:AD 平行于 BC。

T:(板书:$AB=DC$,$AD \parallel BC$)一组对边平行,一组对边相等(结合图形讲解)。好。这个图形可以画出来,对吧？这个同学举的不正确的命题,在我们学习过程当中只要举一个什么？反例(自问自答),画个图形,对吧？请坐,很好。还有吗？来。前面金元浩。

S:一组对边相等,还有一组对角相等的四边形,不是平行四边形。

T:来直接用符号语言表示。

S:呃,$\angle A$ 等于$\angle C$。

T:$\angle A$ 等于$\angle C$(板书:$\angle A=\angle C$)。

S:AB 等于 DC。

T:AB 等于 BC(板书:$AB=DC$),一组对角相等,一组对边相等。能画图形吗?

S:能。

T:好的,留给你们课后去思考,像这样的命题或者说这样的条件能够得到的四边形不一定是平行四边形。好,关于它的对与错,同学们课后慢慢去思考啊,和金元浩同学一起去讨论。

分析性内容:

教师在引导学生根据性质定理与判定定理的互逆关系做出正确的猜想后,要求学生对猜想予以证明,当然证明过程并不困难,所以教师让学生课后去证明。按照数学研究的一般方法,如果不是根据性质定理互逆关系做出猜想就未必正确了,那遇到这种情况该如何处理呢？教师就是通过该教学过程向学生展示了当猜想不正确的时候,只需要举出一个反例即可。在这里,教师让学生举出的两个反例是:一组对边平行和另一组对边相等的四边形;一组对边相等和一组对角相等的四边形。在这个过程中,教师引导学生举出反例揭示这两个猜想的命题是错误的,这样做帮助学生通过反例辨认判定一个四边形是平行四边的本质属性与非本质属性,构造出满足命题中相应题设的具体反例,从而揭示该命题错误。这个过程对学生理解与掌握数学研究的一般方法具有重要价值,向学生展示了如何根据原有命题猜想新的命题,并根据原有命题的本身特点判断新猜想命题的正确性。如果是根据性质定理及其互逆关系猜想出的命题则是真命题,且是新的判定定理;如果不是根据性质定理猜想出的命题就未必是真命题,也有可能是假命题,这需要给出严格的证明。教师通过学生举出的两个假命题直接展示了证明假命题的方法,即举反例。

表 11(续)

教师基于教科书中平行四边形的定义与判定定理建构了平行四边形判定定理的 CPFS 结构，并以此为认知基础对判定定理进一步抽象，建立平行四边形定义与三个判定定理之间的广义抽象的关系，并引入性质定理，由此建立了定义-判定定理-性质定理三者之间的逻辑关系，即由平行四边形的定义演绎出判定定理和性质定理，进而给出判定定理与性质定理之间是互为逆命题的关系。教师引导学生运用判定定理与性质定理互为逆命题的关系进一步拓展，运用性质定理演绎出判定定理。学生基于互逆关系创造新的平行四边形判定定理，这个过程就是一个原创的过程，比“再创造”更具创造性特征。在创造的过程中便建构了定义、判定定理与性质定理之间的新的逻辑关系，培养了学生的创造性意识与创造性能力。

CPFS 结构是教师的数学教学知识，属于数学教育心理学知识。

定义-判定定理-性质定理之间的逻辑关系对于教师来说，是教师的学科知识，运用定义-判定定理-性质定理之间的逻辑关系引导学生创造判定定理以及泛化本质属性构造假命题是教师教学的实践性知识。

教师的学科知识与实践性知识之间是什么关系？现有文献有哪些关系？还能建构出哪种关系？

到了这里，我在琢磨要为本研究取个标题，从刚开始的分析到现在，我明显能感觉到本节课的老师在引导学生整合平行四边形这一章中的相关概念，建构平行四边形概念结构中的多维关系。因此，初步把本研究的标题确定为“建构多维关系：‘平行四边形’复习课的个案研究”。当确定了这个标题之后，我的研究思路更加明确了，也就是整个分析研究要围绕教师如何引导学生建构平行四边形概念系统多维关系，有哪些策略？或者说从前面的开放式编码研究，到现在这里应该开始主轴编码，提炼出教师引导学生建构多维关系的相关理论知识。要进一步抽象化与理论化，把本节课分析得到的模式与模型进一步升华，使得本节课具有可迁移性的价值。

在本教学环节，教师引导学生建构多维关系的策略是：① 运用互逆关系创造判定定理；② 泛化本质属性构造假命题。

由此体现出教师的教学知识有哪些组成部分？即教师的 MPCK 的结构构成是什么样子的？能不能画一个模型图出来，再予以分析，或者从教师的实践性知识予以分析和揭示。能不能把研究框架确定为：建构多维关系的数学知识（平行四边形的相关知识以及这些知识蕴含的数学思想方法、数学核心素养、数学认知的培养等）；建构多维关系的教学知识；构建多维关系的实践性知识（含策略性知识）。这样一来就可以构建整篇文章的骨骼与结构。

之前的分析，一直是在跟着感觉走，直到这里，我才对如何把这个研究转化为一篇文章有了初步的感觉，但是需要进一步细化各个部分之间的关系，并且要进一步深化之前的分析，从现在的文章架构再加工，从文字分析到框架结构，都要按照现在的确定的分析框架与研究重点重新研究。

还要再继续停留在这个地方，继续深挖，尝试找出更有价值的研究切入点与着眼点。

当我想把这个分析引向教师知识的研究，我就把文章题目再次改成了“建构多维关系：基于‘平行四边形’复习课的教师知识研究”。

表 11(续)

结构模型:

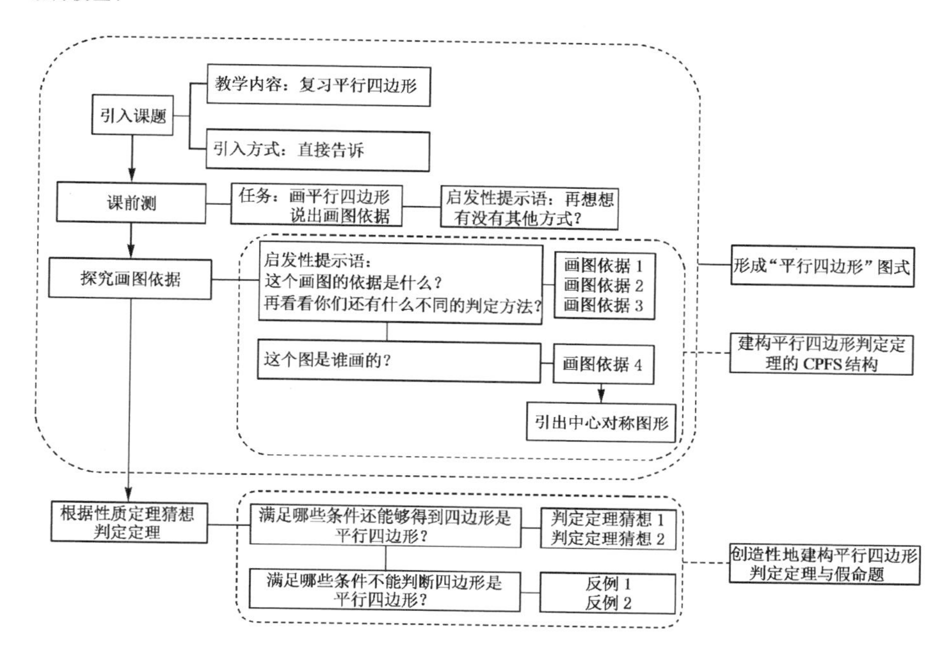

要从这个教学模型中总结出一般复习课的教学结构模型图,并再次给出新的、更一般性的模型图

表 12　形成文章的草稿的模板

文章标题	建构知识的多维关系:基于教学课例个案的数学教师知识研究 或: 建构知识的多维关系:"平行四边形"复习课的个案研究	时间:2022 年 3 月 9 日
摘要:		
关键词:		
1　问题提出 数学教师知识		

表 12(续)

2　研究方法与过程 2.1　研究对象的选择 说明为何选择这个教学视频,并予以分析。 2.2　研究方法 说明为何选择质性研究方法。 2.3　研究过程 在此之前要查阅课程标准、教科书,研究它们 要查阅文献 如何建构教学路线图? 如何编码? 如何提炼主题?
3　"平行四边形"蕴含的核心素养 (要不要这个部分?) (还是将这部分内容渗透在研究结果中,体现在说明教师知识的过程中?)
4　研究结果 这个教学课例表现出帮助学生建构"平行四边形"知识多维关系的特征。 4.1　建构多维关系的数学知识 4.2　建构多维关系的教学知识 4.3　建构多维关系的实践性知识
5　结论
6　讨论

教学课例研究 1:注重创设情境,更要强调概念生成①

以下是作者做的多案例研究并撰写的课例点评文章,刊登在《中学数学教学参考》2008 年第 7 期,是作者攻读硕士学位期间发表的第一篇课例研究文章。

《全日制义务教育数学课程标准(实验稿)》强调:"让学生亲身经历将实际问题抽象成数学模型并进行解释与应用的过程"。数学的每一个概念都是一个数学模型[1]。要让学生亲身经历将实际问题抽象成数学模型并进行解释与应用的过程,首先要为学生提供一个问题情境。数学问题情境可以是现实生活的情境,也可以是数学问题本身的情境。让学生在数学问题情境中把实际问题抽象成数学模型,就是让学生进入教师创设的问题情境,生成新概念,并运用其解决问题。

在"让学生亲身经历将实际问题抽象成数学模型并进行解释与应用的过程"中,核心就是学生将问题抽象成数学模型,也就是让学生在认知结构中生成新概念。数学问题情境的创设是为了学生在认知结构中生成新概念,解决问题的前提是学生要在其认知结构中生成新概念,生成新概念更强调概念的自主建构。

在问题情境中,学生通过教师的启发发现问题并建构新概念解决问题。如果新概念不是由学生自己建构的,而是由教师给出的,问题情境就没有起到它预设的作用,那么创设问题情境与不创设问题情境几乎就没有区别了。当前的课堂教学中非常重视创设情境,创设问题情境是为了让学生在自己的认知结构中亲自生成新概念。但是,情况不同的是在某些问题情境中问题不真实或者学生在问题情境中并不是亲自生成新概念,而是被教师替代了。我们可以看看下面几个例子。

片断 1[2]

教师:(1) 练习簿的单价为 0.5 元,100 本练习簿的总价是多少?

学生:0.5×100=50(元)。

教师:(2) 练习簿的单价为 a 元,100 本练习簿的总价是多少? 同学们请仔

---

① 沈威.课例点评的"另类"视角:注重创设情境,更要强调概念生成[J].中学数学教学参考(下半月),2008(7):27-29.

细观察问题(2)与问题(1)有何不同?

学生:用字母 a 来表示单价。

教师:a 在这里表示什么呢?

学生:a 表示数。

教师:很好,这就是我们本节课的主题——用字母表示数(教师板书课题)。

教师:问题(2)的总价该如何表示呢?请同学们看如下两个注意点后再回答。

反思:

这位教师是通过创设问题情境导入新课的,但是这样的问题情境好不好?作者持否定态度。问题情境看起来是实际问题,但是问题却不真实。在教师的问题(2)中“练习簿的单价为 a 元,100 本练习簿的总价是多少?”这个问题是导入新课的关键,但是在现实生活中,商家都不会用 a 来为练习簿定价,即现实生活中练习簿的单价没有用 a 定价的。用不真实的问题情境引入新课自然是生硬的,也不利于学生在建构新概念时把握其本质。

作者认为,若要使本节课问题(2)的创设更加自然贴切,可以这样处理:

教师:现在有 100 元,可以买 200 个练习簿,练习簿的单价是什么?列方程表示。

学生在这个问题上会很容易地列出方程:设 x 为单价,有 $200 * x=100$。

在这个时候教师启发学生“请问 x 表示什么意思?”

学生能够回答出“x 表示单价”。

教师继续问“那么现实生活中的单价都是什么?”

学生也能够回答“单价都是数字”。

教师再问“那现在 x 表示什么呢?”

教师可以用元认知提示语启发学生“那么我们今天要研究什么呢?”或者“你们能提出今天要研究的问题吗?”来启发学生提出课题:用字母表示数。这样引入课题就显得十分自然,在这个过程中,学生不仅发现了问题,并且能够提出要研究的课题,即学生亲自建构出了新概念。

片断 2[3]

教师用“一隧道长 l 米,一列火车长 180 米,如果该列火车穿过隧道所花的时间为 t 分钟,则列车的速度怎么表示?”导入新课。接着指出:像 $\frac{l+180}{t}$,$10a+2b$,$\frac{a+b+c+d}{4}$,$2a^2$ 这种含有字母的表达式被称为代数式。一个代数式由数、表示数的字母和运算符号组成。单独一个数或一个字母也能成为一个代数式。

这里的运算是指加、减、乘、除、乘方和开方。

反思：在这个片断中，崔雪芳老师已经从创设情境的角度思考，提出了相应的看法。作者从新概念建构的角度提出自己的思考。

在上述问题情境中，已经出现了$\frac{l+180}{t}$，$10a+2b$，$\frac{a+b+c+d}{4}$，$2a^2$，这些式子对学生来说都是新的问题情境，学生并不知道它们叫作代数式。在这个时候，教师直接给出了代数式的概念。

作者认为代数式的概念并不是由学生亲自建构的，而是由教师给出的。其实，引导学生建构代数式的新概念并不困难，我们可以尝试用下面的方法处理：

教师：同学们见过$\frac{l+180}{t}$，$10a+2b$，$\frac{a+b+c+d}{4}$，$2a^2$ 这几个式子吗？

学生会回答：没有见过。

教师：这些式子由哪些部分构成的？

学生能够回答：由数、字母、加号、分号等构成。

教师：字母表示什么呢？

学生不难回答：字母表示数。

教师可以启发学生“那么根据我们现在对这些式子的了解，你能给这些式子起个名字吗？”并以此引导学生亲自建构新概念。虽然是几个简单的提问，但产生新概念的效果和教师给出新概念的效果却截然不同。

片断 3[4]

教师：一般地，一个数由两个部分构成，即符号和刚才提到的“符号后面的数”，考虑这两个方面，大家也就采用了 3 种不同的分类法。分法一是两个方面都不相同；分法二是把“符号”是否相同作为分组的依据，得到的是已经学过的一组正数和一组负数；分法三把“符号后面的数”是否相同作为分组的依据，得到了－4 与＋4，－3 与＋3 这样成对的数，那么它们又应该叫作什么数呢？

学生：相反数。

教师：你是怎么想到把它们叫作相反数的呢？

学生：看书知道的（众笑）。

教师：你先预习了今天的内容，知道了－4 与＋4 是相反数（板书课题），不知你是否想过，它们为什么叫作相反数而不叫别的数呢？

学生：没有想过。

教师：现在请大家思考一下。

学生：一个正数，一个负数，它们表示的意义相反，所以叫相反数。

教师：你说出了最重要的原因。不过照这种说法，－4 与＋3 也是相反数，是吗？

学生（众）：不是，它们符号后面的数不同。

教师：分析得有道理。

……

反思：

以上片断是从情境的创设到课题的提出，教师在情境创设上展开得非常好，但是在课题提出部分，即生成新概念上不尽如人意。虽然新概念“相反数”是由学生提出的，但是学生是在先看书的情况下提出的，如果学生看完书后能对新概念“相反数”进行理解、反思，那么效果也比较好。现实的情况是当教师问学生是否想过它们为什么叫作相反数时，学生却回答“没有想过”，这是一个相当严重的问题。学生简单的回答反映了当前一种令人不安的现象：我们的学生不会思考，培养学生的思考能力迫在眉睫。

也许会有人持反对意见：在提出新概念“相反数”后，教师也带学生探究了相反数的概念。其实这样的探究不是探究，而是在带领学生对“相反数”概念做解释，探究是从无到有的过程，是学生亲自生成新概念的过程，也是培养和提高学生思考能力的过程。

片断 4[5]

教师：如果把 3 个脸谱看作是平面图形，聪明的你一定能找到这些图像的共同特征。

（点评：引导学生观察、比较、概括、抽象出这类平面图形的特点——左右两边都相同，左右两边形状是一样的，面积也是一样的，把它们叠在一起，会重合。）

教师：像这种沿着某条直线对折后，能完全重合的图形被称为轴对称图形。（课件演示对折，显示轴对称的概念，让学生一起朗读。）

反思：

教师启发学生在情境中认识轴对称图形的特点，以培养学生的学习兴趣。情境的创设和本节课的重点都在于启发学生生成新概念——轴对称图形。新概念是由学生自主建构的，而不是教师给出的。教师在引导学生认识轴对称图形特点的过程中，从学生对轴对称图形特点的简单概括到学生生成新概念“轴对称图形”之间还有相当一段“距离”。由于学生不能达到生成新概念“轴对称图形”的程度，只能由教师给出新概念。其实在启发学生生成新概念的过程中，还有很大的空间。比如：

在发现 3 个脸谱对折叠在一起能重合后，教师可继续启发学生“这类沿某条直线能对折的图形有个名字吗？”

学生会做出“没有”之类的回答。

教师可再问“那么我们根据这类图形的特点给它们起个什么名字呢?”

就这样,简单的几个问题的提出可启发学生亲自建构新概念,而不是由教师替代给出。启发学生建构新概念的过程,就是培养学生思考能力的过程。

教育最基本的目标是培养学生可持续发展的能力,而培养学生可持续发展的能力主要就是培养学生的认识力,回到数学教学上来,就是培养学生的探究能力。探究教学的主要形式就是启发式教学,能否生成积极有效的数学探究活动是数学启发式教学成败的关键[6],即教师在创设的问题情境中启发学生建构新概念并解决问题,因此启发学生亲自建构新概念是启发式教学的核心。但是上文的例子说明,在当前的数学教学中,启发学生亲自建构新概念还是一个“盲区”,为了培养学生的建构能力和思考能力,我们应该在注重创设情境的同时,更加强调概念的生成。

参考文献

[1] Л. M. 弗利德曼. 中小学数学教学心理学原理[M]. 陈心五,译. 北京:北京师范大学出版社,1987.

[2] 朱周刚,陈彩华. 课例“用字母表示数”及其点评[J]. 中学数学教学参考(下半月·初中),2007(1/2):33-35.

[3] 崔雪芳,诸宏良,陈丹凤. “代数式”教学片断分析[J]. 中学数学教学参考(下半月·初中),2007(1/2):36-37.

[4] 韩春见. 抓住授课各个环节,提高学生学习兴致:“相反数”课堂教学实录及反思[J]. 中学数学教学参考(下半月·初中),2007(5):10-12.

[5] 吴伟英,周均华. 课例“轴对称图形”及其点评[J]. 中学数学教学参考(下半月·初中),2007(10):15-18.

[6] 韩龙淑,涂荣豹. 数学启发式教学中的偏差现象及应对策略[J]. 中国教育学刊,2006(10):66-68.

教学课例研究2:反省驱动探究,主动成就精彩①

《中学数学教学参考》2011年第3期刊登了一节复习课课例——《一节"全等三角形复习课"的课例与说明》供全国数学教育研究者与数学教师等点评研究。以下是作者对该教学案例做单案例研究并撰写的课例点评文章,刊登在2011年第6期。

本课例综合运用数学复习课的显著特点、系统论和创造心理学等相关数学教育研究成果,根据学情,创造性地设计出一节有关全等三角形的复习课。从教学过程来看,整节课散发出浓郁的在反省思维驱动下学生主动探究的意味,彰显出以学生为本的科学的数学教育理念。

1 完善学生的全等三角形CPFS结构

在课例开始阶段,通过开放性问题1(文1)的解答和随后提问复习全等三角形相关定义、性质、定理等内容,为学生进一步深入探究奠定概念和命题的基础,并在此过程中完善学生的全等三角形CPFS结构[1]。所谓的CPFS结构是由概念域、概念系、命题域、命题系形成的数学认知结构[2]。

复习相关概念或命题一般有两种形式:一是直接提问学生相关概念或命题;二是通过简单的问题解决来考查。这两种复习形式在数学教学过程中经常出现,不同的复习形式对学生掌握相关概念或命题情况的预测结果可能不同。直接提问相关概念或命题一般会有四种结果:一是背不出相关概念或命题,也不会解题;二是背不出相关概念或命题,会解简单问题;三是能背出相关概念或命题,不会解简单问题;四是既能背出相关概念或命题,又会解简单问题。通过简单问题的解决来考查学生,同样会产生类似的四种结果。

复习相关概念或命题主要是为了完善学生的CPFS结构,对于本课例而言,通过开放性但难度不大的问题1考查学生是否掌握全等三角形判定定理的本质意义。如果学生能够解决这个开放性问题,说明学生能够把握全等三角形判定定理的实质,否则,即便学生能够熟练地背出所有全等三角形的判定定理,也只能说明学生是机械性地记忆,并没有理解这些判定定理的内涵。此外,这个开放性问题还能让学生从不同判定定理的多维视角审视全等三角形判定定

① 沈威.反省驱动探究,主动成就精彩[J].中学数学教学参考(中旬),2011(6):32-34.

理的内涵及其应用，学生能够找到的条件越多，说明学生的全等三角形 CPFS 结构越完整、内涵越丰富，否则，最多只能说明学生能够记忆并背出全等三角形的判定定理的内容，但缺少相应的运用和迁移能力。

由于不同的问题考查的知识点不同，问题 1 只考查了学生对全等三角形判定定理的掌握迁移能力，并不能考查出学生掌握全等三角形一整章的概念或命题，如全等三角形的定义、角平分线的定理及其逆定理、线段中垂线定理与其逆定理等。如果复习相关概念或命题过程就此结束，学生的全等三角形 CPFS 结构就可能得不到完整的建构，那么其迁移能力也将被打折扣。课例在问题 1 结束后并没有就此停止复习相关概念或命题，不是采用开放性问题的形式考查，而是采用直接提问相关概念或命题的内容进行考查，这是合适的做法。如果都采用开放性的问题考查，那么一节课的时间将被耗去大半，导致后面深入探究的时间不够，影响探究效果。

2　发展不同学生不同的问题解决能力

数学复习课与新授课的任务不同。数学新授课主要是引导学生在探究数学知识发生发展过程中建构新概念、新命题和新公式等，同时渗透数学思想和数学研究的一般方法等。数学复习课是在新授课的基础上完善学生的 CPFS 结构，提高学生问题解决能力及迁移能力，培养数学思维。数学复习课与新授课任务的不同，决定了它们在课堂上呈现的内容形式不同，数学新授课重在探究新概念、新命题或新公式等，而数学复习课例则重在探究各种数学问题。虽然任务不同，但其最大限度地培养不同学生不同的问题解决能力的最终目标却是一致的。

课例在发展不同学生不同问题的解决能力上做足了文章。主要表现在问题的梯度设计上，即遵循由简单到复杂、由静态到动态、由简单直观的公式套用到创造性地构造全等三角形解决问题。无论从个体学习心理还是从全体不同学生之间的探究层次方面都能科学地兼顾到，使得每一位学生都在自己原有问题解决能力的基础上获得最充分的发展。

学生个体在不同梯度设计的问题上获得最充分的发展。上课伊始，通过简单的开放性问题让学生尽可能地打开思路，多角度地对问题进行探究，而在“解剖病理档案”和“查漏洞写病因”两个阶段中，问题挑战性逐渐增强，对学生的洞察力、认识力、概括力、合情推理能力和逆向思维能力做出较高要求。对于数学基础不强的学生而言，完成这些问题则已经达到了相应能力的发展的目的；而对于数学基础较好的学生而言，则有“拓展问题变式”待其突破。这样使每一个学生都经历了应有的探究，学生的问题解决能力都获得了相应的发展。

3　培养学生良好的数学反省思维

数学反省思维是指学生在解决问题的过程中，不断考查问题本身和思考过程，重构自己的理解，激活个人智慧，并在探究所涉及的各个方面的相互作用下，产生超越已有信息以外的信息，产生新的探究进程。课例中学生深入持久的探究源于教师在整节课对其数学反省思维的不断驱动。主要体现以下三个方面。

（1）从解题过程角度进行数学反省驱动。从解题过程角度进行数学反省，主要是从解题开始到结束的心理活动，如一开始是怎么想的、遇到什么障碍、走了哪些弯路、原因是什么、问题是如何获得解决的、依据是什么等。通过反省解题过程，可以发现解题过程中的不当或错误之处，并把相关信息重新组织，获得新的解题方法。例如，在问题 1 中，当学生给出答案时，教师都是通过让学生说明获得这个答案的理由来驱动学生反省思维的。当学生 1 回答“可以添加 $AB=AC$（或者 $BD=CE$），也可以添加 $\angle B=\angle C$（或 $\angle ADC=\angle AEB$，$\angle BDC=\angle CEB$）”，教师要求说明理由，学生迅速地反思了解题过程，并说出了解题依据“前者是利用 SAS，后者是利用 ASA（或 AAS）”。随后教师通过“还有其他不同的方法吗?”驱动全体学生的反省思维，使学生重新审视已获得的解题过程，运用已有概念、定理等重组原有信息。学生 2 获得的答案则是在教师启发下创造性获得“还可以添加 $DO=CO$”。当学生 3 回答“可以添加 $BO=CO$”后发现“连接 AO，……，不行；连接 BC，……，也不行，看来证不了”，这更进一步说明教师的反省驱动的重要性。

（2）从把握问题的本质属性角度进行反省驱动。把握问题的本质需要学生同时把握问题的本质属性和非本质属性，否则就会造成本质属性泛化，使学生不能把握问题的本质，从而影响问题的求解和相关解题知识与解题思想的有效迁移。为了使学生把握问题的本质属性，课例主要通过让学生解剖问题的“病理”来驱动学生的反省思维。例如问题 2(1)、问题 2(2)和问题 3(3)，教师都是改变问题中相关信息的本质属性，保留了其非本质属性来“迷惑”学生，学生只有对问题中相关信息之间关系的本质属性和非本质属性同时做出观察、比较，才能辨别出问题中相关信息之间的关系。不仅如此，教师还通过让学生举出具体的反例，从而更加直观地刻画问题的非本质属性。

（3）从解题思想方法角度进行数学反省驱动。在解题教学中，学生的主要任务并不是解题，而是“学”解题，从解决一个问题中获得解决一类问题的方法。课例通过启发性提示语驱动学生数学反省思维探究解题。例如，学生在求解问题 2 的过程中，当学生 5 举出反例之后，教师进一步启发“看来是条件不能有效聚集的缘故，那么已知中有什么条件可以引申呢?”在这样的启发下，学生 6 获得了问题的求解。类似之处还有很多,都是教师启发学生把相关信息进行有效聚集,而把相关信息有效聚集则是解题的大观点,对获得求解思路具有普适性。此外,教师还从图形的旋转和翻折等几何动态核心思想和具有浓厚创造性意味的构造法角度启发学生深入探究,使得学生在创造性地解决问题的同时,“学会”解题。

参考文献

[1] 张宏政. 一节“全等三角形复习课”的齐全与说明[J]. 中学数学教学参考(中旬),2011(3):14-17.

[2] 喻平,单墫. 数学学习心理的 CPFS 结构理论[J]. 数学教育学报,2003,12(1):12-16.

教学课例研究3:教学导入要引导学生探究并提出课题①

《中学数学教学参考》2009年第3期刊登了对勾股定理(第一课时)导入的教学设计案例。作者针对该案例中的两个导入设计进行深入研析,发现这两个导入设计并不如作者所说的“异曲同工　妙在其中”,而是有着本质差别。以下是笔者对该教学案例做单案例研究并撰写的课例点评文章,刊登在《中学数学教学参考》2009年第7期。

邢成云和刘金青两位老师在《中学数学教学参考》2009年第3期撰文“异曲同工　妙在其中”[1](以下简称文[1]),文中对勾股定理(第一课时)的教学创设了两个导入,文章对这两个导入的设计定位于“两种方法殊途同归,异曲同工”[1]。由于作者也比较关心什么样的情境是合适的数学情境,本着学术争鸣的科学态度,这里就文[1]中关于导入设计1和导入设计2的本质差别提出一些看法,并在此问题上表明自己的见解,不妥之处,还请两位老师指教。

1　导入设计1异化了导入设计的本质

为导入新课而创设问题情境的根本目的是引导学生认识到有研究本课题的需要,进而提出本课的课题。在问题情境中,如果学生不能认识到有研究本课题的需要,问题情境就没有起到它预设的作用,也许学生在教师创设的问题情境中积极地讨论,但是问题情境没有引发学生认识到研究本课题的需要,学生在热闹的情境中糊涂地学习,那么创设问题情境与不创设问题情境几乎没有区别。

教学导入设计1的问题情境主要由这样3个子情境构成[1]:

情境1:请同学们认真观察课本封面和本章章前的彩图,说一说封面和章前彩图中的图形表示什么意思?它们之间有联系吗?封面是我国公元前3世纪汉代的赵爽在注解《周髀算经》时给出的“弦图”,章前彩图是2002年在北京召开的国际数学家大会的会徽。大会会徽使用的主题图案就是“赵爽弦图”。并安排了下面两个问题:

(1)你见过这个图案吗?

---

① 沈威,李群.教学导入要引导学生探究并提出课题:与邢成云、刘金青两位老师商榷[J].中学数学教学参考(中旬),2009(7):64-66.

(2) 你知道为什么把这个图案作为这次大会的会徽吗?

情境2:图1(请参照文[1])是1995年希腊发行的一枚纪念一位数学家的邮票。你知道邮票上的图案所表示的意义吗?

情境3(然后播放Flash动画):茫茫太空,人类一直在探索地球外的生命……我们如何与外星人沟通,我们一直在思考……据说我国著名数学家华罗庚认为,发射"勾股定理图"是最好的选择,因为宇宙人如果是"文明人",那么他们一定会识别这种"语言"的!画面定格于"勾股定理图"(请参照文[1])。

教师:本节我们一起来解读图中的奥秘。

(教学说明:通过两个不同背景但实质相同的问题,外加精美的动画,能迅速激发起学生探究的欲望,以景激思,使学生在不知不觉中进入学习的佳境,直奔主题——解读图形的奥秘,探测勾股定理)

1.1　问题情境中的问题是个"问题"

由子情境1引出了几个问题,比如一个是"说一说封面和章前彩图中的图形表示什么意思?它们之间有联系吗?"对于学生来说,在学习勾股定理之前,是回答不出来封面和章前彩图中的图形表示的意思的,因此学生也就弄不清楚它们之间的联系。同样的,对于子情境2中的问题"你知道邮票上的图案所表示的意义吗?"学生也是回答不出邮票上的图案所表示的意义的。让学生回答一个他们根本不可能答出的问题,这分明是在为难学生,学生虽然在有感染力的情境里面,但是学生的思维不但没有得到驱动,反而原有对数学的求知欲也被磨灭了,也就谈不上"能迅速激发学生探究的欲望",有悖于新课程改革的理念。对于Flash动画,子情境2之后没有引导学生提出课题,而是呈现一段Flash动画,这个Flash动画对引导学生提出课题也没有起到应有的作用,而在这个Flash动画之后,还是要"直奔主题"。也就让人很难想明白这个情境创设的目的是什么,只是为了体现这节课的教学导入有精美的动画?还是为了情境而情境?不得而知。

1.2　问题情境过于情境化

从字面就可以感受到这三个问题情境的画面都很有感染力,但无论上述问题情境的画面多么有感染力,让学生认识到研究"勾股定理"的必要性的根本目的没有达到,学生只是以"旁观者"的身份在这些问题情境中"欣赏"了静态画面和动态的Flash,而没有以"参与者"的身份参与思考。不知道研究问题的方向,这样的问题情境对于新课导入来说是没有任何意义的。单墫先生在多个场合强调"数学课应当讲数学","数学课应当讲数学"的重要要求之一就是导入新课的数学问题情境要能够完成引导学生认识到要研究本课课题的需要。

1.3　3 个子情境占用时间太多

在导入新课阶段，问题情境的重要作用之一就是让学生认识到研究本课题的需要。引导学生认识到研究本课题需要的策略众多，但是必须要考虑到呈现问题情境本身在整节课所用的时间。按照上面 3 个子情境的顺序一个一个地呈现出这 3 个情境，再加上由问题情境引出的问题，给学生思考时间，再提问学生，学生作答，至少需要 10 分钟。对一节课来说，问题情境本身占用的时间已经达到了 1/4，而且在这个过程中，学生并没有认识到研究"勾股定理"的必要性，在热闹的问题情境中没有方向的思考，甚至不思考。

1.4　情境不起作用，只能"直奔主题"

"直奔主题"的意思就是开门见山，不需要拐弯抹角。而在这节课中，前面已经花了很长的时间在情境的引入上，如果学生在情境中能够很好地探究和发现，本课的课题就能自然而然地从学生的探究中流淌出来，而不需要在一系列情境之后还需要教师"直奔主题"。这里的"直奔主题"是在一系列的情境之后的直奔主题，这样的"直奔主题"还是直奔主题吗？反倒是在情境没有达到效果之后的唯一选择——直奔主题，这很容易造成学生被动接受，成为事实上的灌输知识的容器[2]。

2　导入设计 2 体现了导入设计的本质

一个有意义的问题情境，可以使学生在问题情境中不断地探究、不断地发现，学生发现为了解决问题情境中的问题，已有的知识不够用了，需要研究与这个问题有关的未知问题，也就是本课的课题。为导入新课而创设问题情境的根本目的是引导学生认识到有研究本课题的需要，进而提出本课的课题，这正是导入设计 1 和导入设计 2"异曲同工"的本质差别。

在导入设计 2 中选用的是两个古题，其中一个是我国的古题，另一个是印度古题，它们都是从数学内部提出的实际问题[1]。

问题 1：如图 3 所示（请参照文[1]），有一个水池，水面是一个边长为 10 尺（1 尺≈33.33 厘米）的正方形，在水池的正中央有一根芦苇，它高出水面一尺。如果把这根芦苇拉向水池一边的中点，它的顶端恰好达到池边的水面。这池水的深度与这根芦苇的长度分别是多少？

问题 2：如图 4 所示（请参照文[1]），静静的湖面上，恰好有一枝直立的荷花，露出水面半英尺（1 英尺≈30.48 厘米），一阵风把它吹斜，恰巧使荷花与水面齐平，一位老渔翁发现，此时荷花已离原来位置 2 英尺，问湖水深几英尺？

教师：以上两个问题该怎样解决？

……

学生 4（自言自语）：要是能知道三边之间的等量关系就好了。

教师(看时机已成熟):学生 4 说得好,要知道直角三角形的三边关系该有多好,那时候就能把“x”求出来了,那么它们到底有没有关系?今天我们就一起来探索。

2.1 解决驱动学生的思维意向

教师的“以上两个问题该怎样解决?”是驱动学生思维并展开思考的钥匙,这个提问属于启发性提示语,不但具有元认知意义,还具有方法论意义。所谓启发性提示语是指不涉及具体认知的提问,而是关于元认知和方法论方面的提示语,例如“它们之间有什么关系呢?你打算怎么去思考呢?你想从哪些方面入手?接下来该怎么办?”等等。启发性提示语的开放性程度大、发散范围广,为学生提供发挥想象的空间比较大,学生不但要回忆解决这个问题的已有的知识,还要探究解决这个问题的方法。学生在教师的启发下,对这两个问题不断思考,有沉默、有茫然,并不断进行数学语言的转化,所做的一切都是为了“以上两个问题该怎样解决”,从探究中逐渐地认识到还有没有解决的问题,还有需要探究的未知问题,从无到有的探究,从而引导学生认识到有研究本课题的需要,进而提出本课的课题——“要是知道三边之间的等量关系就好了”[1]。也只有“要是知道三边之间的等量关系就好了”,才能解决这两个问题。这就是为新课导入创设情境的最终价值取向,所有的问题情境的最终落脚点都应该是让学生自主地提出“要是知道三边之间的等量关系就好了”。

2.2 解决“探什么”问题——提出课题

探究教学的主要形式就是启发式教学,生成积极有效的数学探究活动是数学启发式教学成败的关键[3]。积极有效的数学探究活动可以是学生内部的思维活动,或者是外部的数学实验活动。但是无论是内部的思维活动还是外部的实验活动,在新课导入阶段,都要围绕“探什么”而展开,也只有紧紧抓住“探什么”不放,问题情境的创设才不会偏离方向,学生参与的探究活动才真正有价值。如果要解决导入设计 2 的两个问题,必须要解决“要是知道三边之间的等量关系就好了”,这就是导入设计的核心。通过两个问题,完成了让学生发现还有需要继续研究的问题——“探什么”问题。

2.3 解决“怎么探”问题——如何提出课题

提出课题需要掌握提出课题的方法,即“怎么探”的方法,这主要靠教师引导,也就是说教师要掌握引导学生提出课题的方法。如何引导学生提出课题呢?这就是涂荣豹提出的引导学生提出课题要遵循科学研究的一般方法,可以由已知出发引导学生提出课题,可以通过知识发展的关系引导学生提出课题,可以以知识之间的关系为线索引导学生提出课题,也可以通过问题解决的需要引导学生提出课题。导入设计 2 就是通过问题解决的方式引导学生提出课题。

教师通过长期运用科学研究的一般方法引导学生提出课题，在引导学生提出课题的过程中，渗透科学研究的一般方法，学生在教师的长期引导下，自然会将教师运用的科学研究的一般方法内化为自己提出课题的方法，从而达到发展自己提出课题的能力。这样引导学生提出课题是把学生引入数学的内部，品味数学内核的味道，通过提出课题掌握提出课题的科学研究的一般方法，而不只是“把学生凝聚在数学的周围”[4]。

3 结语

问题情境不在于是否有感染力，而在于是否能够让学生在问题情境中经过他们自己的探究和发现，最后争取提出课题。当然，最理想的是学生能在有感染力的问题情境中提出课题，变“冰冷的美丽为火热的思考”[4]。如果只能在具有感染力和能够让学生在问题情境中经过他们自己的探究与发现提出课题的问题情境中做抉择的话，广大教师朋友肯定会毫不犹豫地选择后者。

参考文献

[1] 邢成云，刘金青. 异曲同工　妙在其中：关于勾股定理（第一课时）教学的两个导入设计[J]. 中学数学教学参考（中旬），2009(3)：24-26.

[2] 涂荣豹，宋晓平. 中国数学教学的若干特点[J]. 课程・教材・教法，2006，26(2)：43-46.

[3] 沈威. 课例点评的“另类”视角：注重创设情境，更要强调概念生成[J]. 中学数学教学参考（下半月），2008(7)：27-29.

[4] 张奠宙，王振辉. 关于数学的学术形态和教育形态：谈“火热的思考”与“冰冷的美丽”[J]. 数学教育学报，2002，11(2)：1-4.

教学课例研究4:例谈导学案的价值属性[①]

《中学数学教学参考》2013年第5期刊登了较为典型的6篇“导学案”设计案例(见参考[1]~[6]),供全国数学教育研究者与数学教师等点评研究。以下是作者对这6篇“导学案”做多案例研究并撰写的点评文章,刊登在《中学数学教学参考》2013年第11期。

如果说教案是教师根据数学课程标准、数学教科书和学生已有的数学基础为教学而做的充分预设,导学案则是根据数学课程标准、数学教科书和学生已有的数学基础以引导学生数学学习而做的充分预设,二者皆为预设,但预设的重点有两端之别。教案预设整个教学过程,教学过程的引导者是教师;导学案预设学生数学思维发展过程,引导每个学生经历预设学习的全部过程,引导者是导学案文本本身。近几年,导学案表现出勃勃生机与燎原之势,许多学校许多教师纷纷革教案为导学案,表现出以教案为预设的数学教学向以导学案为预设的数学教学嬗变。导学案之价值何在?本文以这6篇导学案为例探究导学案的价值属性,以期为导学案的有效“进化”提供参考依据。

1　培养学生数学阅读能力

导学案的根本目的在于转变学生的学习方式,转被动内化学习为主动探索学习,以实现温故旧知,探索新知,建构思想,形成经验。因此,导学案必然是一个引导学生开展思维探索与实践的场域,这个场域既包括对已有知识、技能和问题解决能力的过程性评价,还包括对未知探索所需的所有的引导性材料。完成整个学习过程需要学生认真阅读导学案的所有内容,同时要求学生具备分析数学材料的能力,把握数学问题的核心本质。也就是说,完成导学案需要学生具备一定的数学阅读能力,如果学生没有或不具备相应的数学阅读能力,培养学生的种种数学目标都是枉然。学生在运用数学阅读能力阅读分析导学案中数学材料的同时,他们原有的数学阅读能力也不断获得提升。什么是数学阅读能力?所谓的数学阅读能力是指能够迅速地理解数学问题的本质,深入数学问题的核心,有效分析问题、提出问题和解决问题的能力。从已有的研究成果来看,目前学生的数学阅读能力普遍偏低,不能满足社会和科学技术日新月异的

① 沈威.“‘导学案’案例评点和反思”征文选登(二):例谈导学案的价值属性[J].中学数学教学参考(中旬),2013(11):36-38.

今天对于学生能够快速地把握问题的核心需求，自然地，导学案成为改变学生学习方式、提高学生数学阅读能力的天然营养。

导学案不但需要学生阅读数学概念、数学图形、数学图表和数学问题背景材料等，把所阅读到的数学对象转化为数学信息，通过神经组织传输至数学认知结构，还需要学生根据已有的代数、几何和概率的知识、思想、方法、经验、能力对这些数学信息做出分析，综合运用归纳思维与演绎思维等数学思维把握数学信息的数学实质，针对不同的数学实质，在数学认知结构中提取相应的知识作为解决问题的依据，并外化为解决问题的行为。特别针对文字较长、关系复杂的数学材料，就更加需要培养学生的数学阅读能力。例如，案例1(图形的旋转)中“课中探究”的“探究2”教学环节，学生需要阅读大量关于“旋转”的数学材料，按照数学材料的具体信息，运用动手操作，对已有图形做出旋转，在动态的旋转过程中，确定“旋转中心、旋转角”等，把握图形在旋转过程中“变中不变”的数学本质，即“经旋转图形的位置发生变化”——变，但“旋转不改变图形的形状与大小”“对应点到旋转中心的距离相等”“每一对对应点与旋转中心的连线所成的角相等，且都等于旋转角”——不变。当然，6个导学案例都有大量的数学阅读材料，都需要学生具备相应的数学阅读能力，这在客观上便培养了学生的数学阅读能力。

2 培养学生数学书写能力

书写能力主要包括外在书写能力和内在书写能力，外在书写能力指书写文字工整性与观赏性的能力，内在书写能力指书写文字的正确性、书写内容的清晰性、思想性和逻辑性等的能力。书写能力在不同领域的侧重点是不同的，在用文字外形展现魅力的领域，外在书写能力的要求高于内在书写能力的，例如书法领域；但是在用文字内容展现魅力的领域，内在书写能力的要求高于外在书写能力的，例如文学领域和科学领域等。对于学生而言，不但需要发展外在书写能力，还需要发展内在书写能力，相比较而言，发展学生的内在书写能力更加重要。这是因为外在书写能力的本质是技能，也包括少量的智慧，但是内在书写能力则体现了个体的思维水平。数学书写能力除了具有一般书写能力的特征外，还具备特有的数学特征。

数学书写能力是指运用文字、图表、图形、数学符号等在书写媒介上展示数学概念、命题、公式、原理和解决数学问题过程的能力。数学书写能力不但能够反映出学生对数学符号、图表、图形、数学原理、数学思想、数学命题、数学公式和数学问题本质的理解水平，还能够体现学生的数学素养和数学审美观。学生的数学书写过程在刻画学生的数学思考过程的同时，同样能够激发与点燃学生已有的思维基础，把学生数学思维的广度和深度向前推进。目前，学生的数学书写范围仅仅局限在运用已有的知识在数学作业和数学试卷上作答，而没有拓延至其应有之空间。事实上，在数学作业和数学试卷上作答本质上是一样的，都是书写解答过程。但即便是书写解答过程，学生的书写能力也处于低水平状态。

导学案在培养学生数学书写能力方面起到了非常好的作用，导学案中有较多需要学生书写的内容，而且形式多样，能多维度地培养学生的数学书写能力。学生书写第一类是数学的定义、定理和公式。例如案例 1(图形的旋转)的课前准备环节，需要学生书写“图形平移的定义”、“图形平移的性质”以及“图形平移的应用”，“课中探究”环节，需要学生书写“图形旋转的定义及其性质”。案例 3(直线与圆的位置关系)中的“温故而知新”环节，学生需要书写“直线与圆的位置关系的性质”；案例 6(平方差公式)的“预习导航”环节，需要学生书写“平方差公式”。通过书写定义、定理和公式，学生不但复习了相关内容，同时，书写的过程就是学生数学认知结构抽象表示这些内容的过程，从而实现了把知识落到实处的目标。学生书写第二类是数学实例及相关特征。例如案例 1(图形的旋转)的“课前准备”环节，学生要“找出几个生活中有关旋转的例子，并观察它们有什么共同特征(提炼成关键词)”；案例 3(直线与圆的位置关系)中的“探究出新知”环节，学生不但要探究新知，还要书写新知的内容和相应的几何语言。这些内容是学生抽象数学定义与命题等的对象和材料，是学生获得数学思想、积累数学活动经验的源泉。学生书写第三类是书写解答过程，这样的书写遍布在所有的教学过程中，导学案也不例外，在此不再赘述。学生书写第四类是书写课堂小结。例如，案例 6(平方差公式)的“自主建网”环节，需要学生写出“知识收获”、“方法收获”和“关注问题”。大部分的课堂小结是教师口头的话语总结，鲜有学生书写课堂总结，但学生书写总结同样能够促进学生对所学内容数学本质的把握。

3　培养学生数学语言转换能力

数学语言是用于研究和解决数学问题的专业术语和符号，它以概念、公式、符号、图形与图像等形式出现，而且同一数学对象在不同解释框架下有不同的表现形式，这些形式可以相互转换。所谓的数学语言转换能力是指学生把握数学对象的本质属性不变而在不同范围内转换不同表现形式的能力。数学语言转换的能力代表着学生数学思维水平的发展，它的发展影响着学生思维能力的发展。如果学生的数学语言转换能力较强，那么他的数学思维能力也较强；相反，如果学生的数学语言转换能力弱，那么他的数学思维能力也就较弱。数学语言转换有两个方向：一是纵向转换，即从复杂向简单转换，从未知向已知转换，从不太熟悉向熟悉转换，从抽象向直观转换，把问题情境中的自然语言转换为数学语言，目的是建构相关概念或者使得问题向更加容易解决的方向转换；二是横向转换，也就是在不同解释框架下对同一数学对象的实质进行揭示。可见培养学生数学语言转换能力的重要性。

导学案中导学内容的安排顺序因学习内容不同而异。例如案例1(图形的旋转)是图形旋转的概念及其性质的新授课,该导学案表现出由已知向未知过渡、由具体向抽象发展、由实例向定义抽象、由定义向性质深入、由理论向应用推广的顺序安排导学内容,学生的数学思维结构表现出数学文字语言、图形语言和符号语言的相互转换,以及由图形平移概念的文字语言向图形旋转概念的文字语言的类比转换等。案例2(“一元二次方程”复习课)是复习课,复习课的本质在于复习已有知识、完善数学认知结构和发展“原地深挖”的能力,从数学语言转换的角度来看,该复习课的本质在于完善学生用已知的具有程序性知识特征的解一元二次方程的符号语言解答出难度更大的一元二次方程。案例3(直线与圆的位置关系)与案例1类似,不再赘述。案例4(可化为一元一次方程的分式方程)是把分式方程转换为一元一次方程,用一元一次方程表示分式方程,从而实现由未知向已知的数学语言转换。案例5(圆的周长)是在学生已经掌握的圆的周长公式的基础上,通过动手操作,深化对周长公式的理解,在此过程中,需要学生把符号语言与图形语言相互转换,并行促进学生理性思维的深入。案例6(平方差公式)是通过几何图形对平方差公式的刻画,促进学生从形的角度加深对平方差公式的理解,实现平方差公式的数与形的统一。

这些均要求学生具备一定的数学语言转换能力才能完成整个导学案内容的学习,如果学生不具备相应的数学语言转换能力,导学案的学习就异化成复制教材内容的机械学习。学生运用已有的数学语言转换能力生成新的数学语言,学生的数学语言转换的知识网络得到扩充,语言转换的经验得到积累,数学语言转换能力得到提升。

4 促进学生建构数学思维经验

数学思维经验是学生在数学学习的智力参与过程中所获的过程性知识。在智力参与过程中,学生主要运用三类数学思维进行数学学习,即归纳思维、演绎思维和类比思维。归纳思维是由特殊到一般、由具体到抽象的弱抽象思维范式,演绎思维是由一般到特殊、由抽象到具体的强抽象思维范式,类比思维是由特殊到特殊的广义抽象思维范式。归纳思维和类比思维主要用于发现,演绎思维主要用于证明。学生获得的数学思维经验主要由归纳思维经验、演绎思维经验和类比思维经验构成,这些思维经验具有较强的迁移性并影响学生思维习惯的形成。因此,促进学生建构数学归纳思维经验、演绎思维经验和类比思维经验形成数学理性思维显得至关重要。

教师的口头话语信息在学生的短时记忆保留时间极短,容易遗忘,导学案的文本式形式相较于教师的课堂口头话语的优势在于教师设计的学习过程能够长时间保留,变短时停留的教师话语信息为长时停留的文本信息,能够让学生通过文本这一媒介把握教师设计的宏观和微观话语的全貌。本质上使学生能够从宏观和微观上把握教师设计问题的全貌。纵观这6篇导学案,各篇均蕴含了大量的培养学生数学思维经验的宏观问题和微观问题。以案例1(图形的旋转)为例,在"课前准备"环节,复习"图形平移的定义和性质"之后,教师设计了预习"图形的旋转"的问题:找出几个生活中有关旋转的例子,并观察他们有什么共同特征(提炼成关键词)。这是按照类比方式设计的学习过程,学生的智力参与类比思维范式的问题研究,在抽取"图形的旋转"的本质特征中建构了类比思维的经验,而且类比思维经验的建构一直延续至"图形的旋转"的定义生成完毕。在探究"旋转的性质"的过程中,教师采用归纳范式设计的研究问题,学生通过动手操作,不断变换(旋转)图形的位置,根据表格填写要求,观察并填写表格,根据表格的内容,最终归纳出"对应点到旋转中心的距离相等"以及"每一对对应点与旋转中心的连线所成的角相等,且都等于旋转角"这两个重要性质。这个过程促进了学生建构归纳思维的发展。在探究"旋转的应用"环节中,学生运用已经获得的"图像旋转的定义及其性质"解决问题,这是培养学生问题解决能力,同时也是在培养学生演绎思维能力及演绎思维经验。

5 结语

这6篇导学案具有一定的代表性,从而彰显出如上若干价值属性,是否所有导学案的设计水平都能达到或超越这6篇导学案?是否这6篇导学案都完美无瑕?未必!没有达到或超越这6篇导学案的导学案的设计水平以及这6篇导学案还存在哪些内在的局限性还需要进行认真细致的深入研究。

参考文献

[1] 陆乘军.特别策划:导学案案例评点和反思:案例1图形的旋转[J].中学数学教学参考(中旬),2013(5):49-52.

[2] 叶智超.特别策划:导学案案例评点和反思:案例2"一元二次方程"复习课(第1课时)[J].中学数学教学参考(中旬),2013(5):52-53.

[3] 姜晓翔,沈莹琪.特别策划:导学案案例评点和反思:案例3直线与圆的位置关系(第2课时)[J].中学数学教学参考(中旬),2013(5):54-56.

[4] 张振飞.特别策划:导学案案例评点和反思:案例4可化为一元一次方程的分式方程(第1课时)[J].中学数学教学参考(中旬),2013(5):56-58.

[5] 赵亮,马学斌.特别策划:导学案案例评点和反思:案例5圆的周长[J].中学数学教学参考(中旬),2013(5):59-61.

[6] 王昌涛.特别策划:导学案案例评点和反思:案例6平方差公式(第2课时)[J].中学数学教学参考(中旬),2013(5):61-63.

教学课例研究5:精彩教学的标准是促进学生思维发展①

《中学数学教学参考》2012年第3期刊登了陈科良老师执教的课例《变枯燥为精彩:“投影(第1课时)”课堂实录》,同时,邱邦有老师撰文《精彩的课堂源于巧妙的教学设计:“投影(第1课时)”课堂实录评析》点评该课例。作者对此有不同的看法,以下是作者对该教学案例做单案例研究并撰写的课例点评文章,刊登在《数学之友》2013年第12期。

《中学数学教学参考》于2012年第10期刊登了陈科良老师执教的课例《变枯燥为精彩:“投影(第1课时)”课堂实录》(以下简称文[1]),邱邦有老师撰文《精彩的课堂源于巧妙的教学设计:“投影(第1课时)”课堂实录评析》(以下简称文[2])点评该课例,认为该课例“突出亮点,彰显特点;渗透文化,深入理解;捕捉契机,实时拓展”。在沉浸于“精彩课例”和“精彩点评”的同时,作者对该课例的认知与陈科良和邱邦有两位老师有所不同,并在此提出来,供同行以批判性的视角认识该课例与作者的点评,从而有效促进数学教学。

1 “投影”概念的形成阶段没有促进学生思维的发展

在“投影”概念形成阶段的教学过程如下:

(课前2分钟首先播放了一段视频——手影戏)

教师:刚才播放的是手影戏,手影是一种投影现象,今天我们就来学习投影……(板书课题)。

教师:老师也来表演一段手影戏,好不好?

学生:好。

教师:(老师利用灯光表演手影)这是狗、飞翔的海鸥、小鸟……这还是狗。好,你认为投影需要哪几个要素?

学生:光源。

教师:还有吗?

学生:物体。

教师:还有吗?

学生:屏幕。

① 沈威.精彩教学的标准是促进学生思维发展:评“投影(第1课时)”[J].数学之友,2013(3):3-6.

教师:对,也就是投影面(点击幻灯片出示答案)。

教师:同学们,投影现象随处可见,你们能列举一些生活中的投影现象吗?

学生1:阳光下地面上的树影。

学生2:路灯下地面上的人影。

学生3:人在河边上行走时,在水里有影子。

教师:这是平面镜成像,像与影子不同。

学生4:皮影戏。

……

教师:好,老师也带来了些生活中的投影图片,请欣赏[见图1(详见文[1])]。

学生欣赏。

教师:一般地,用光线照射物体,在某个平面(地面、墙面等)上得到的影子叫作物体的投影。

学生齐读概念。

教师:我们把照射光线叫作投影线,把投影所在的平面叫作投影面。

1.1 课题导入存在逻辑矛盾

为了导入课题,陈科良老师给学生播放了一段手影戏视频。视频播放结束后,教师就开门见山地说:“刚才播放的是手影戏,手影是一种投影现象,今天我们就来学习投影……(板书课题)。”这种导入课题的方式具有一定的普遍性,看似顺理成章,却存在科学研究过程的逻辑矛盾。“投影”的概念是在对各类“光照射物体之后沿光线方向上的平面上产生的影子”现象研究之后才建构起来的,是对这一类现象数学本质的抽象概括。在研究这类现象的过程中,研究者需要分析这类现象的构成要素,抽取这些要素的数学本质,从而概括出“投影”的概念。而从该课例的课题导入过程来看,在学生还没有分析投影现象的数学本质并抽象概括这些数学本质之前,教师就先入为主地说这是一种投影现象,今天我们就来学习投影,明显有违数学概念生成过程或数学研究过程,是典型的“为了概念而概念”的课题导入。

1.2 学生欣赏手影戏期间没有进行数学思考

教师在让学生观看手影戏视频之前没有向学生提出任何问题,只是单纯地让学生欣赏手影戏,学生也只是欣赏手影戏并沉浸在手影戏的剧情中。也许手影戏的剧情引人入胜,能够感染或打动学生,也许学生在欣赏手影戏期间有思考,却没有带着数学问题去思考,从数学培养学生数学思维的教育功能上讲,学生在观看手影戏期间没有进行数学思考。数学教学过程应该是数学思维培养的过程,学生在数学思考过程中自然而然流淌出对数学的体验和信念便是数学新课程改革所指的情感态度价值观。导致学生没有在欣赏手影戏期间进行数学思考的核心原因是教师没有在播放视频之前提出他在后面提出的“你认为投影需要哪几个要素?”所以,在播放完手影戏的视频之后,教师只有再一次表演手影戏,并提出问题“你认为投影需要哪几个要素?”有了这个问题,学生才进行数学思考。

1.3　错失辨认不同概念本质属性的良机

在教师让学生对投影现象举例的过程中,学生 3 回答“人在河边上行走时,在水里有影子”后,教师仅对学生 3 的举例做了简单否定“这是平面镜成像,像与影子不同”后,继续让其他学生举例,没有对学生 3 的回答给出正面评价。事实上,教师错失一次引导学生辨认投影和平面镜成像的本质差别的良机,研究平面镜成像原因和构成要素有助于学生从比较的角度把握投影的形成原因和构成要素,从正面抽象和侧面比较把握“投影”的本质属性。平面镜成像的核心原理是反射,投影的核心原理是直射,光射到物体上并反射至镜面上形成像,光射到物体上并直射至投影面上形成影,像与物体的面相同,影只是物体的轮廓。学生若能把握住平面镜成像和投影之间的差别,不但有助于把握投影的本质,还有利于把握平面镜成像的实质,若不厘清他们之间的本质差别,学生便会混淆。

1.4　本段教学过程是灌输式教学

数学教学过程是数学意义在学生数学认知结构生成的过程,是学生最近发展区得到发展并形成新的最近发展区的过程。数学教学过程是否促进数学意义在学生的数学认知结构生成,不但要看教师教了什么,更要看学生学了什么。学生对数学定义、命题、定理和公式等的建构性理解能够体现在师生话语交流过程中,特别是学生话语是刻画其对数学对象本质属性建构的过程,如果是学生自主建构数学对象的意义,其话语便体现出系统的抽象过程,如果数学对象的意义是教师嵌入的,学生的话语内容则是零碎的、断续的,无法体现系统的抽象过程。因此,评价数学对象的意义是在学生认知结构中生成的,抑或是嵌入的,只需透视学生话语便可。

现将学生在“投影”概念形成过程的话语内容全部摘抄如下:好→光源→物体→屏幕→阳光下地面上的树影→路灯下地面上的人影→人在河边上行走时,在水里有影子→皮影戏。最后学生齐读教师给出的“投影”概念。从学生的话语内容可以看出,前半段的“光源→物体→屏幕”是“投影”形成的要素,后半段的“阳光下地面上的树影→路灯下地面上的人影→人在河边上行走时,在水里有影子→皮影戏”则是“投影”的具体例子,最后是学生齐读“投影”概念。按照概念形成的由具体到抽象的过程,可以发现学生的话语内容在前半段与后半段存在逻辑矛盾,应该是先有"投影"的具体例子,再抽象出"投影"形成的要素,最后得到"投影"的定义。既然学生的话语内容存在抽象过程的逻辑矛盾,"投影"概念的数学本质就不可能在学生认知结构中有逻辑地生成,最后教师只能灌输式地让学生齐读概念以实现"概念植入"。

2 影响投影不同的因素是教师告诉的

2.1 静态研究影响物体投影不同的因素是教师告诉的

研究影响物体投影因素的教学过程如下:

教师:我们再来看看这些图片(见文[1]中图 1),影子与物体的形状有关吗?

学生:有。

教师:与光线的照射方式有关吗?

学生:有。

教师:也就是说影子既与物体的形状有关,也与光线的照射方式有关,接下来我们做一道练习题。

在这个教学过程中,学生只回答了教师两个"有"字,教师便用这个看似有用的结论"影子既与物体的形状有关,也与光线的照射方式有关"开始了练习之旅。诚然,学生在这个练习中,解答都是对的,这是不是这节课或这个教学过程的功劳呢?不是!事实上,即便学生没有学习本节课的内容,学生照样能够正确解答这个练习题。似乎可以得出这样的结论:这个教学过程是无效的。当然,这个结论还有些牵强,接下来的论证足以加强这个结论。问题 1:"影子与物体形状有关"是如何想到的?"影子与光线的照射方式有关"是如何想到的?问题 2:是不是"只有物体的形状和光线的照射方式有关"?

首先回答第一个问题,影子与物体的形状、光线的照射方式有关是教师的知识,不是学生的知识,这是教师"植入"的,学生没有自己的思考,否则学生的思考不止这些,同时,教师的思考也是不全面的。接下来的分析继续回答问题 1,并同时回答问题 2,投影的三要素包括投影线、物体和投影面,如果学生能够探究出"影子与物体的形状、光线的照射方式有关",那么学生肯定能获得第三个结论:影子与投影面的位置有关,投影面的位置不同,影子也不同。从上述教学过程来看,学生没有获得这样的结论,恰恰教师也没有想到,究其原因是教师在前一过程没有从本质上引导学生探究构成投影的要素,同时,教师也忽视了这个本质,才出现没有全面给学生"灌输"影响投影的三个要素,而学生一直处于混沌状态,只是被教师"牵着鼻子走",被迫成为知识的容器。

如果教师能把问题修改为"刚才已经研究了投影的三要素,并获得了投影的定义,请问:导致影子不同的因素有哪些?"如果探究不出,教师可以进一步启发"我们刚刚研究了投影三要素,你觉得导致影子不同的因素有哪些?并举例说明”。这样,学生就从被动接受知识变为主动探究知识,从被动地看教师给的图片变为主动寻找并举出其探究结论的例证。事实上,学生所做的这些都是在深化理解投影的本质,并从抽象层面把握投影的构成要素,使得探究结论具有较强的迁移性。

2.2 动态研究影响物体投影不同的因素是教师告诉的

动态研究影响物体投影的因素的教学过程如下:

教师:为了进一步探索影子与物体、光源、投影面三者的关系,老师想与同学们一起做两个实验,接下来请同学们观察在中心投影下的实验1。

教师:(点击幻灯片)首先固定投影面和灯泡,改变三角尺的位置和方向,观察其影子是否发生改变。

学生观看视频。

教师:三角尺的影子是否发生了改变?

学生:发生了改变。

教师:接下来固定投影面和三角尺,改变电灯泡的摆放位置和方向,观察三角尺的影子是否发生改变。

学生:发生了改变。

教师:接下来固定电灯泡和三角尺,改变投影面的摆放位置和方向,观察三角尺的影子是否发生改变。

学生:发生了改变。

教师:通过观察,对于电灯泡、物体、投影面三者任一个的位置和方向的改变,三角尺影子的形状、大小都会发生改变。

教师:接下来我们一起来观察在平面投影下的实验2,固定投影面,改变三角尺的摆放位置和方向,观察其影子是否发生改变。(点击幻灯片)

学生观看视频。

教师:三角尺的影子是否发生了改变?

学生:发生了改变。

教师:接下来固定三角尺,改变投影面的摆放位置和方向,观察其影子是否发生改变。(点击幻灯片)

学生:发生了改变。

教师:由此你能得到什么结论?

学生:物体、投影面,改变其中任一个的位置和方向,三角尺的影子都会发生改变。

教师:(点击幻灯片)当投影线与物体及投影面的夹角为90°,物体的投影与物体有何关系?

学生：可分组讨论。

……

教师：讨论后，你们的结果是什么？

学生：物体的投影与物体会全等。

教师：（拿出教具）我们一起看教具模拟演示。

此过程是动态研究影响物体投影的因素，学生观看教师事先已经准备好的视频，在视频中，教师不断改变影响投影的三要素，以期让学生掌握“光线、物体和投影面的三者之一发生了改变，物体的投影就会改变”的数学本质，但是这个过程依然不是教师引导学生探索研究过程，而是由教师告诉学生的。在学生观察中心投影的实验1后，教师连续问了3个非真即假的判断性问题：问题1是“首先固定投影面和灯泡，改变三角尺的位置和方向，观察其影子是否发生改变”。问题2是“接下来固定投影面和三角尺，改变电灯泡的摆放位置和方向，观察影子是否发生改变”。问题3是“接下来固定电灯泡和三角尺，改变投影面的摆放位置和方向，观察三角尺的影子是否发生改变”。学生通过观看视频，对教师提出的3个问题的回答均是“发生了改变”。

与静态研究影响物体投影的因素过程类似，教师把带有答案性的问题提出后，学生在教师指导下是能够看出“影子发生改变”的。但作者还是想问：这3个含有与投影本质属性相关的告诉性的问题能否启发学生自己探索出来？这3个告诉性的问题是否有灌输性的味道？在学生不明原因的情况下，教师提的3个告诉性问题无疑具有灌输性；如果在实验之初提问这样或类似的问题“请同学们认真观看视频，观察哪些因素会导致影子的改变？并思考其原因”。这样一来，教师的3个告诉性问题中的数学意义均变成了学生要探索的目标，这无疑扩大了学生思考探索的空间，发展了学生的最近发展区。

除上述3个告诉性问题对学生探究及其发展的不利影响外，学生的观察过程也浮于表面。学生在教师的3个告诉性问题后回答了3个“发生了改变”，教师就总结出“通过观察，对于电灯泡、物体、投影面三者任一个的位置和方向的改变，三角尺影子的形状、大小都会发生改变”，没有进一步启发或引导学生探索影子发生改变的数学意义，即便是告诉性的灌输也没有。同时，教师也没有把“通过观察，对于电灯泡、物体、投影面三者任一个的位置和方向的改变，三角尺影子的形状、大小都会发生改变”进一步抽象为“光线、物体和投影面的三者之一发生了改变，物体的投影就会改变”。观察是思维的基础，观察促进思维方显其价值。学生通过视频观察到的是实物直观，并需要学生运用数学抽象思维把实物直观抽象为数学直观或抽象直观，并思考其数学原理，学生的直观思维和抽象思维才能获得应有的发展，如果直观仅仅停留在观察的实物层面，没有经过一系列的数学抽象，这种直观就是低层次的，不具有普适性，很难实现有效迁移。

3 结语

由上分析不难得出：教师教得很精彩，学生学得更黯淡。诚然，教师在教学过程中运用多媒体呈现多张图片和多个视频值得肯定。但是，教师只是在不断地告诉学生结论，不但没有引导学生探究出这些结论，更没有引导学生研究这些结论背后的数学本质与数学意义，学生在这样的教学过程中，他们的数学思维难有发展。用一句古话形容：鸳鸯绣出任君看，不与郎君度金针。本课例的精彩只是教师的精彩！

参考文献

[1] 陈科良.变枯燥为精彩："投影(第1课时)"课堂实录[J].中学数学教学参考(中旬)，2012(10)：23-26.

[2] 邱邦有.精彩的课堂源于巧妙的教学设计："投影(第1课时)"课堂实录评析[J].中学数学教学参考(中旬)，2012(10)：26-28.

[3] 李鹏.从数学教学反思到反思性数学教学[J].教育学术月刊，2012(10)：102-104.

[4] 李鹏.如何引导学生探究性质：以"对数运算性质"的教学为例[J].数学通讯，2012(6)：4-7.

[5] 沈威，涂荣豹.数学探究教学中教师话语的基本特征与设计[J].教育科学研究，2010(4)：53-56.

教学课例研究 6:何为诱导公式的教学追求[①]

《中学数学教学参考》2017 年第 3 期刊登了王克亮老师执教的课例《三角函数的诱导公式(一)》,供全国数学教育研究者与数学教师等点评研究。以下是作者对该教学案例做单案例研究并撰写的课例点评文章,刊登在《中学数学教学参考》2017 年第 8 期。

诱导公式在三角函数的概念框架中占有重要地位,是高中数学教学的重点与难点之一,它的课堂教学表现在一定程度上代表了执教老师的数学眼界、教学认知和教学水平,各级各类教学比赛、公开课、示范课等经常把三角函数的诱导公式列在其中。作者在拜读王克亮老师《三角函数的诱导公式(一)》一文的过程中,思考了许多,由于篇幅所限,从中抽出下面四个问题进行探究,同时,作者把研究课例的思考历程融入本文。

1　问题情境有“问题”

课例的第一部分是“问题情境”,“问题情境”作为教学过程的第一部分已经成为数学教学的标配,把“问题情境”安排在课程之首,其意义必然非凡,教师是否赋予“问题情境”相应的担当,这就需要“掰开”问题情境,根据数学知识、数学思想、数学教学理论等细细“咀嚼”。研究课例首先要对课例的誊录稿进行逐字、逐词、逐句、逐行、逐段的细致的对话与互动,在对话与互动的过程中保持开放的态度,避免先入为主的态度影响研究结果的客观性。

教师首先出示图 1,指出“相信大家都不陌生,从学习‘三角函数’这一章开始,它就经常与我们见面,这里我们不妨一起来回看一下它在教材中已经出现的几个身影”,“不陌生”“经常见面”“回看教材中已经出现的几个身影”等词与句子引起我的兴趣。不陌生与经常见面说明学生对“单位圆”有一定的了解,但了解不深刻、把握不全面,这是不是学生当前对“单位圆”把握的真实情况?若是如此,便说明学生在“三角函数”之

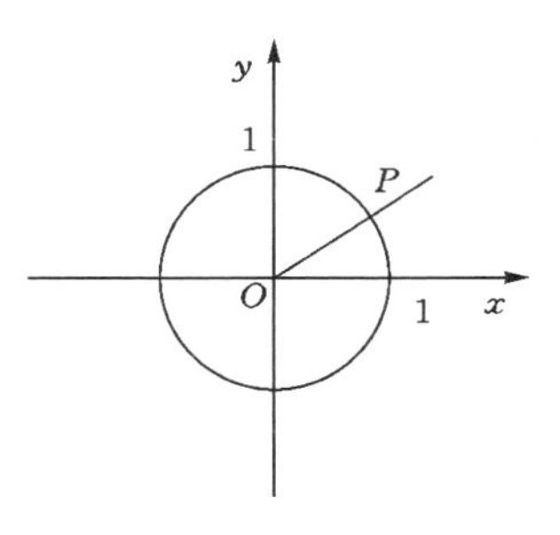

图 1　单位圆

① 沈威.何为诱导公式的教学追求[J].中学数学教学参考(中旬),2017(8):24-26.

前的学习质量不高;如若不是,为何会有接下来的“回看一下它在教材中已经出现的几个身影”?我对回看教材本身没有异议,但是在学生已经对“单位圆”不陌生与经常见面的情况下,为何不让学生用自己的语言说出“单位圆”具有的一些性质、特点,而是呈现教材的截图且对截图的解释也由教师来完成?这不是多此一举吗?当然,也存在一种最有说服力的情况:学生对“单位圆”性质、特点了解深刻、把握全面,且回看教材的目的是复习旧知,由教师对教材截图解释是为了揭示截图的深刻意义,但这似乎又在暗示学生对教材截图的意义把握得不深刻,再往更合理的方向想,学生与教师皆能够准确表达截图的意义,只不过都由教师来阐述而已,但这又与《普通高中数学课程标准(实验)》要求的培养学生数学表达和交流的能力相悖。通过种种分析可以发现,教师的开场白和回看教材的教学过程存在教学逻辑的矛盾。根据上述分析,画出如下教学流程图(图 2)。根据流程图,可以得到教师在指出学生对“单位圆”不陌生、经常见面的情况下,要求学生回看教材并由教师揭示 3 个教材截图的数学意义不符合《普通高中数学课程标准(实验)》的要求。

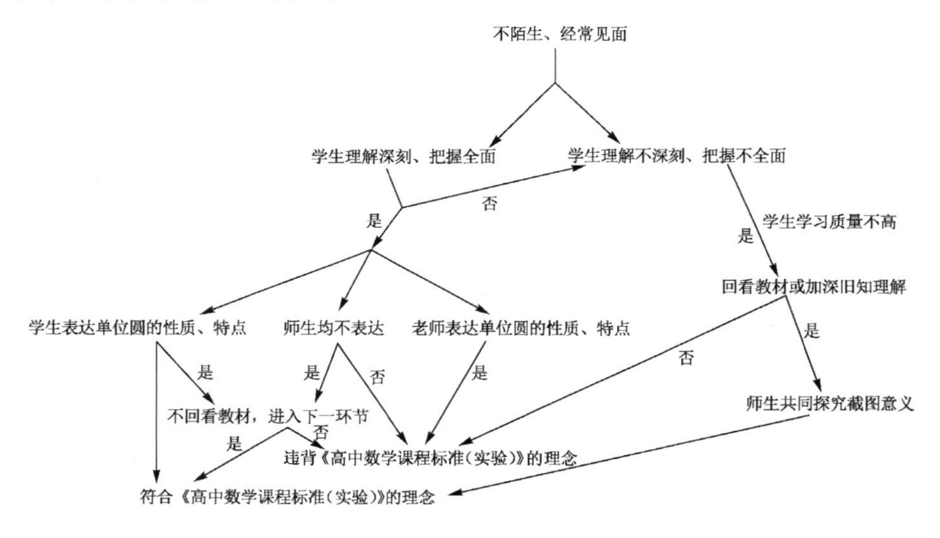

图 2　教学流程图

上面讨论的主题是在逐字、逐词、逐句、逐行、逐段的分析过程中确定的,但是对该主题的细致分析是在通读整篇课例誊录稿之后完成的。一般来说,做课例研究在分析时就要写分析性的文字或者画相应的关系图,以作为进一步研究的基础。这些分析性的文字就是课例研究备忘录,同时,研究主题有可能在逐字、逐词、逐句、逐行、逐段分析时浮现,当然也有一些研究主题是在整篇课例分析之后出现，要经过研究者的纵向比较和横向比较再确定。做完整个课例研究的分析之后，研究者便可以对自己确定的研究主题做进一步研究。这里要指出的是，做课例研究务必要逐字、逐词、逐句、逐行、逐段分析，并撰写分析备忘录。

在分析到教师给出的 3 幅教材截图，并由教师自己对 3 幅截图解释时，我有些惊讶。这 3 幅教材截图都是学生已经学习过的，为何教师还把对 3 幅截图的数学解释都“据为己有”？为何不能给学生一些机会，让学生至少对其中部分截图做出解释？一方面可以培养学生数学表达与交流能力，另一方面可以看看学生对这些教学截图理解与掌握的程度。老师没给学生机会的原因是什么？是老师觉得自己比学生解释得更好？还是担心学生解释得不好影响了教学的观赏性？还是因为这是公开课，老师紧张得忘记提问学生了？不管是何种原因，造成的事实是该教学过程没有体现学生的主体性。教师在给出 3 幅截图之后，没有引导学生（或教师自己没有）总结概括这 3 幅截图的共性或关系，只是给出一句“看来，这张图的作用真不小”泛泛结尾，使得这 3 幅截图的价值大打折扣。数学是研究共性的科学，教师提供 3 幅教材截图，必然要带领学生总结概括这 3 幅截图的共性或关系，也就是“这张图的作用真不小”，不小在何处，不能只是总结一句泛泛的结论。

在教师给出“看来，这张图的作用真不小”这一结论后，指出“所以，今天这节课我们再次回到这张图中，看能否有什么新的发现”。当我读到这句话时，心里顿时很高兴。本以为下面的教学环节是体现新课程理念的探究式过程，但再读到下一句“在这张图中，单位圆格外引人注目，因为圆非常优美”时，我心中的高兴荡然无存，因为我错了，教师的这句话无法使下面的教学环节成为探究式教学，而依然是机械式的填鸭教学。既然提到“再次回到这张图中，看能否有什么新的发现”，为何不能让学生自己发现？如果让学生独立探究，也许学生得到的结论要比“单位圆格外引人注目，因为圆非常优美”合理得多。如果教师不说“单位圆格外引人注目，因为圆非常优美”，学生就无法得到这个结论。教师重视学生主体的探究性，提出“所以，今天这节课我们再次回到这张图中，看能否有什么新的发现”。但又忽视学生主体的建构性，给出一个学生无法得到的结论，即探究性的问题＋填鸭式的结论，这种“新型”组合教学方式，是不是个案呢？

学生对“圆为什么美”的回答是“因为它是中心对称图形，又是轴对称图形”，这是教师需要的答案，但我对学生的这个回答不满意。如果说一名初中学生对“圆为什么美”的回答是“因为它是中心对称图形，又是轴对称图形”，这是很好的，但是如果高中学生依然是这个回答，就说明学生在“三角函数”这一章之前学习得肤浅。在高中阶段，角的定义是“一条射线绕其端点旋转形成的图形”，这是角的动态定义，同样地，三角函数中的单位圆的最大特性是周期性，这也是从动态视角得到的圆的特征。学生已经经历之前“三角函数”的学习，又经历本节课中三幅教材截图的复习，还没有把“周期性”作为“圆非常优美”的原因，这是老师的责任。也因为教师和学生都没有把“周期性”作为单位圆的重要性质，才有了下面要讨论的“公式一”形成的基础不是圆的对称性。

2　单位圆的“美”不是形成诱导公式的直接原因

在讨论“圆为什么美”的环节，我感到还有一个问题需要明确：是什么原因要建构诱导公式？它决定诱导公式这节课该怎么教，回答这个问题非常重要！诱导公式的实质是“揭示了任意角三角函数与锐角三角函数之间的关系”，即当把初中锐角三角函数扩充到高中的任意角三角函数后，任意角的三角函数值的求解方法是三角函数研究必然要解决的首要问题，数学研究均是把未知问题转化为已知问题，用已有知识解决未知问题，基于求解任意角的三角函数值的客观要求，必然要通过已知的锐角三角函数值解决未知的任意角三角函数值，这既是诱导公式形成的根本原因，也是直接原因，并且是“诱导”的要义所在，它决定教学设计要从无法求解任意角的三角函数值作为生成诱导公式的起点。

课例中，在学生说出“圆为什么美”的原因为“既是中心对称图形，又是轴对称图形”后，教师指出“既然圆有这么好的对称性，那么下面我们就从圆的对称性出发，看能得到哪些结论”，教师这句话说明生成诱导公式的直接原因不是因为任意角的三角函数值无法求出而继续探究其求解的方法，而是因为“圆很美”，“把玩”圆的对称性，像欣赏一件艺术品一样看看有什么新发现。“把玩”的要义是欣赏，是对圆的对称性非常喜爱，而不在于发现。数学学习没有需要解决具体问题的引导，决定了学生数学思维是无向的。该设计始于欣赏、喜欢，终于新的数学公式，说明教师忽视了诱导公式的数学实质，这种设计思路不符合《普通高中数学课程标准(实验)》提倡的以问题解决为导向的要求。

3　“公式一”形成的基础不是圆的对称性

在“探究建构”部分，教师首先对更一般圆的对称性做了深入剖析(图3)，特别地，师生探究了圆与对称轴交点的对称点在哪儿：

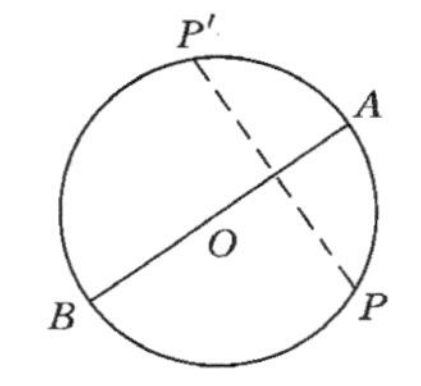

图3　圆的对称性

教师：如果点 P 恰好在点 A 处，那么它的对称点 P' 在哪儿呢？

学生：也在点 A 处。

教师：所以圆上两点重合时，它们也是关于一条直径对称的。而且，因为圆的任意一条直径都是它的对称轴，所以圆上两点重合在任意位置时，它们都关于一条直径对称。

在此之后，教师便提出如下问题：

教师：下面回到三角函数这个主题。在平面直角坐标系下赋给 P 与 P' 两点角的位置，设点 P 与点 P' 分别是角 α、角 β 的终边与单位圆的交点，那么它们的坐标分别为 $P(\cos\alpha,\sin\alpha)$，$P'(\cos\beta,\sin\beta)$。若点 P 与点 P' 恰好重合，你能得到什么结论？

从上述师生讨论和教师的问题指向看，师生讨论指向"公式一"，再加上教师在获得公式一后的总结：对称关系——坐标关系，两角关系——诱导公式，由此我认为教师希望把对称性作为形成"公式一"的基础，但把对称性作为形成"公式一"的基础是多余的，也是错误的，主要原因是：① 只要两个点重合，那么它们的坐标必然相等，不管它们是否满足某种对称关系；② 事实上，"公式一"形成的基础是单位圆的周期性，只有具有周期性，才有 $\sin(2k\pi+\alpha)=\sin\alpha$，$\cos(2k\pi+\alpha)=\cos\alpha$，$\tan(2k\pi+\alpha)=\tan\alpha(k\in Z)$，教师把对称关系作为"公式一"的基础，影响学生正确建构"公式一"的知识结构，矮化了"周期性"作为"公式一"基础的客观价值。

"周期性"在三角函数中具有重要价值，它不但是一种数学性质，还是重要的数学思想。三角学有两个重要的图形——内摆线和外摆线，内摆线和外摆线产生于天文学的研究，它们的原型如图 4 所示[1]。当半径为 r 的圆沿着半径为 R 的固定圆的内边缘转动时，其上一定点的运动轨迹是内摆线，内摆线的参数方程是 $x=(R-r)\cos\theta+r\cos\phi$，$y=(R-r)\sin\theta-r\sin\phi$；当半径为 r 的圆沿着半径为 R 的固定圆的外边缘转动时，其上一定点的运动轨迹是外摆线，外摆线

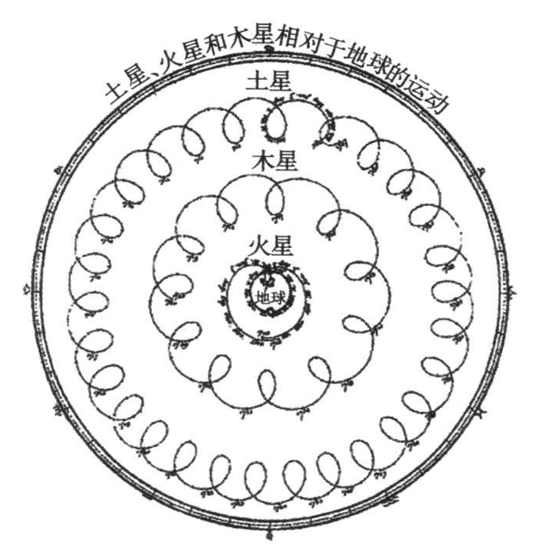

图 4　摆线原形图

的参数方程是 $x=(R+r)\cos\theta+r\cos[(R+r)/r]\theta, y=(R+r)\sin\theta-r\sin[(R+r)/r]\theta$，其核心是正弦函数和余弦函数。内摆线和外摆线对研究和解决周期现象问题具有重要的科学价值，设计齿轮形状的基础就是内摆线和外摆线。三角函数在数学上逐渐发展出三角级数等。三角级数一直和恒星天文学紧密相关，三角级数可应用于恒星天文学的研究，恒星天文学的研究促进了三角级数的发展。三角级数之所以在恒星天文学中有用，本质在于三角级数是周期函数，而天文现象大都呈周期性。开始运用三角级数于恒星天文学是要确定恒星的位置，也就是偏微分方程中的插值问题，最早研究差值问题的是欧拉，他把已经得到的方法用到行星扰动理论中出现的一个函数上，得到了函数的三角级数表示[2]。三角函数是傅里叶变换的基础，1965 年，J. W. 库利和 T. W. 图基根据离散傅里叶变换的奇、偶、虚、实等特性，也就是利用三角函数基本性质的组合，对离散傅里叶变换的算法进行改造，提出了一种高效的傅里叶变换——快速傅里叶变换(fast fourier transform，FFT)，傅里叶变换随着 FFT 和计算机的发展，很快在各领域获得应用。例如，医院使用的心电图仪器就是通过波的形状把病人心脏跳动直观地表示出来。傅里叶分析的核心是傅里叶定理，它是所有周期现象的核心。傅里叶将傅里叶定理扩展到非周期函数，把非周期函数看成周期函数的极限情况，这个想法对量子力学的发展具有重大影响。因此，在教学中矮化“周期性”在三角函数中的地位，忽视在三角函数教学中渗透周期性的数学思想，会对学生认识三角函数、建构三角函数图式产生负面影响。

4　圆的对称性与诱导公式不等价

王克亮老师在“编者按”中指出“但也有教师提出了一些异议，认为公式一的得出不太自然，最后的‘拓展提升’有待商榷”，我也认真拜读了这一部分，发现的确值得商榷。教师在“拓展提升”中指出“圆的对称性与诱导公式是等价的，只不过一个是形的表现形式，而另一个是数的表现形式(图 5)。从而，诱导公式的实质是将图形的对称关系‘翻译’成了三角函数之间的代数关系”。

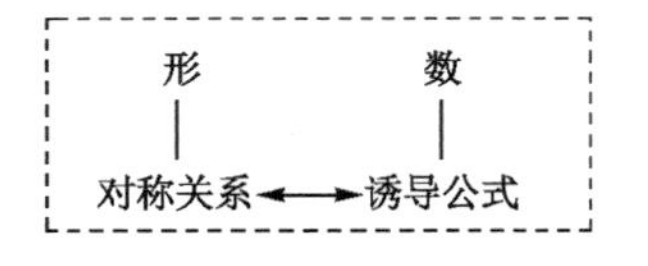

图 5　圆的对称性与诱导公式关系

诱导公式的实质是揭示了任意角的三角函数与锐角三角函数之间的关系，而不是将图形的对称关系“翻译”成了三角函数之间的代数关系。因为揭示了任意角的三角函数与锐角三角函数之间的关系，从而发现任意角的三角函数值可以用 0°～90°以内角的三角函数值求得。这正是在计算机发明之前，诱导公式的美妙之处、价值所在，这也是诱导公式的本质之所在。终边的对称性只是在诱导公式的推导和证明中起到作用，它是证明诱导公式的工具，并不是诱导公式的实质。这从诱导公式的由来就很容易理解。这个对称关系在验证诱导公式是否正确的时候才体现出价值,不能把证明对象的方法当成被证明对象的本质。其实不用终边对称性也可以证明诱导公式(利用三角形全等)。如果说有什么图形关系被“翻译”成了函数关系,那正是三角函数本身。三角函数就是把角这个几何图形用“实数”来度量,才有了建立“数集到数集映射”而成为三角函数的可能。这个“实数的度量”才是真正的“翻译”。也就是说即便如此,完成“翻译”工作的也不是“图形的某种对称性”,而是“弧度数”对角的度量。

参考文献

[1] 马奥尔. 三角之美:边边角角的趣事[M]. 北京:人民邮电出版社,2010:111

[2] 莫里斯·克莱因. 古今数学思想:第三册[M]. 邓东皋,张恭庆,等译. 上海:上海科学技术出版社,2014:182

教学课例研究7:透视点评研究揭示教学信念①

《中学数学教学参考》2010年第8期刊登了《一节“用含30°的直角三角板拼多边形”的活动课》供全国数学教师参与点评研究,并于第11期刊登了11篇研究该课例的文章。作者深入研读了这11篇点评文章,经过归纳与整理,发现它们既有相似的观点,也有相左的观点,为此,特撰文予以揭示。以下是作者对这11篇点评文章所做的多案例研究,刊登在《中学数学教学参考》2011年第12期上。

对于教师个体而言,根据自己感兴趣且有一定认识的研究角度,选择适合自己的方法展开研究,在研究的过程中,可逐渐提高其专业能力。教师的观点可以反映出他对课例关注的侧重点,也反映出教师本人在处理类似数学活动教学时的侧重方向,更为重要的是,这些观点反映其教学信念。虽然这11篇文章不能代表全国数学教师对数学活动教学的认识,但却能在一定程度上反映当前新课程改革背景下教师对数学活动教学认识的现状,并决定了近段时间“综合与实践应用”内容教学的质与量。研究教师对课例的主要关注点及课例的内涵所反映出的教学信念,能为2010年启动的“国培计划”中学数学教师培训工作提供参考依据。因此,做此工作是有意义的,也是有必要的。

下面对所刊登的11篇文章研究的主要内容做综述性的归纳总结,最后对这11篇中对同一问题有相冲突的观点做进一步辨析,以便和同行交流(下面所引文献标号为11篇文章在刊物上的自然排序)。

1　对数学活动经验的研究

该课例是一节数学活动课,数学活动课的最大特征就是学生数学活动经验的获得。理所当然地,数学活动经验的数学研究成为研究的重点,大部分文章都从学生探索问题的过程探讨了活动经验。

例如,文[1]认为“让学生经历从猜想到验证的探索过程,体验先思考后实践的解题策略,进一步积累学习经验”。文[2]认为“《义务教育数学课程标准(2011版)》将‘过程性目标’列为课程目标之一。‘数学活动经验是过程性知识’,其积累过程是学生主动探索的过程,数学活动课的开设就为学生积累数学

① 沈威.透视点评研究揭示教学信念[J].中学数学参考(中旬),2011(1):13-16.

活动经验提供了机会”。文[6]认为“以‘借助三角板进行平面图形的镶嵌’为载体进行探究活动，这不仅让学生进一步了解了平面图形的位置关系和数量关系等数学知识，而且关注了学生由操作到数学思考的活动经验”。文[7]指出“积累经验是提高数学活动课有效性的核心”，并以“从实验到论证，积累直观演示到演绎推理的经验”和“从推理到实验，积累演绎推理到直观感知的经验”两个视角进行论证。文[10]认为“例如：学生先动手实验拼150°的角，并继续尝试，很快得到只能拼出3种内角度数不同的三角形的结论，并以拼出3种内角不同度数的三角形的拼角经验为基础，把拼三角形的经验迁移到拼四边形，继续扩充其拼角经验的空间”。

2　对数学问题的研究

学生的数学活动主要以数学问题为引领，数学问题的质量成为影响数学活动和数学探究的最主要因素之一。

文[2]从数学问题内容表述的严谨性视角指出其存在的“问题”。例如“‘内角度数不同的多边形’是一个内涵模糊、不够严密的语句，它使得数学活动的方向受到干扰，甚至可能造成误导”。“但值得教师注意的是‘方程有非负整数解’仅是‘存在符合条件的多边形’的必要条件，而非充分条件。事实上，我们并未能证明对应于任何一个非负整数解拼合出的多边形一定存在。”文[6]指出“中考会考‘用66块全等的含30°的直角三角板能拼出的十二边形’这样的问题吗？这样的问题在‘数学社团活动’中探究是可以的，在课堂上花费这么多的时间和精力来进行探究，是否有点‘高成本’和‘高量耗’了？是否存在‘问题拓展’过当呢”。文[7]从“在学生的‘最近发展区’提出问题”、“为了便于操作探究分解问题”和“从特殊到一般联想问题”三个角度指出“精心设问是提高数学活动课有效性的关键”。

3　对数学知识拓展的研究

“综合与实践应用”内容的精髓是引导学生把所学的数学知识综合贯通并以学生现有“最近发展区”为基础进行相应的数学知识的拓展，同时提炼数学研究的大观点和核心思想。

文[2]从数学知识拓展视角对课例中的4个数学活动做出研究并指出其需要改进的方向。例如“在拼三角形的过程中，教师可以联系‘等腰三角形的性质’一节，因为通常是通过将两个全等的直角三角形拼成等腰三角形这一活动来探索等腰三角形的性质”。“纵观整节课，发现课堂中将更多的时间用于用代数的方法解决问题，基本上没有涉及图形的变换、全等三角形的应用等几何知识。”最后，综合性地指出“本活动课的形式是用三角板拼图形，本质是运用图形运动的观点探索全等三角形的位置关系。这本应是渗透‘图形与变换’观点的极佳阵地，然而，执教者在课堂中并没有提及这三种保距变换（平移、旋转、轴对称），没有谈及全等三角形性质与三种保距变换之间的关系，也没有引导学生用图形变换的观点来拼三角形或四边形”。

文[3]以数学知识的拓展为基础分析了课例中所需的数学知识，并以学生所获得的数学知识不完整、技能缺失为切入点，给新课程的制定提出建议。例如“本活动课要拼接的多边形都是‘凸多边形’，但这是教材删去的内容，本活动课就只能采取避而不谈、蒙混过关的办法”“新课程的制定者应当处理好知识‘广’和‘深’的关系，不能因为减轻负担、降低难度删减过多内容，造成很多基础性的知识、技能范围大大缩小，使得学生基础知识不完整，技能缺失很多，遇到问题‘捉襟见肘’，稍有坎坷就‘寸步难行’，导致学生能力的发展受到严重的制约，因小失大”。

4　对数学思想渗透的研究

数学教学的重要任务之一就是在教学过程中以数学知识为载体，渗透并引导学生提炼数学思想和数学研究的大观点和大方法，最终提高学生的数学思维品质并应用这些数学思想与研究方法创造性地解决各种数学问题与非数学问题。

文[5]认为“活动二中，用含 30°的直角三角板拼三角形拼三角形中，学生 1 采用列举法，学生 2 采用数形结合思想（用方程不等式知识解决问题）；活动三中，用含 30°的直角三角板拼四边形中的类比思想；‘问题拓展’中的‘逼近’思想；等等。同时整个教学过程体现了从特殊到一般的教学思想”。文[10]认为“整节课基本实现了渗透本应该渗透的数学思想——化归思想目标”。例如“在这一环节，学生对化归思想的运用有了质的突破，这是因为在前面的环节，学生从四边形化归为三角形，这是临近性化归，因为四边形与三角形的共同要素多，学生能够把握其间的本质联系，对于任意多边形则不同，这是一个无限的问题，把无限问题化为有限问题，用有限的思想把握无限，这里有许多障碍需要突破”。

5　对教师教学行为的研究

教师的教学行为是教师教学信念的最直接、最本质的反映，也是影响整个教学过程的决定性因素。揭示教师的教学信念的主要方式之一是研究教师的教学行为，通过一节课的教师教学行为，基本可以预测其在最近一段时间的教学行为，对教师教学行为的研究将是近一段时间的热点。

文[1]从教师评价行为角度对课例进行研究，认为“教师应该多角度、全方位地评价学生的表现……但如果为了鼓励学生的积极性，而忽略学生的理解是否正确，长此以往，学生将不再为教师无心的赞赏所动，相反，会在此起彼伏的掌声中逐渐退去应有的热情……特别是对学生的错误回答，教师除了肯定其正确的学习态度外，一定要帮助其纠错。评价不是盲目说好话，而应以客观的态度，在鼓励学生的同时，给出一个负责任的评价，这样的评价才更有效”。文[7]则是从预设的角度对教师评价设计做出探讨，认为“与一般的数学课相比，数学活动课的评价设计更重要，因为它是活动上升到数学的必要环节。结合数学活动课的特点，数学活动课的评价应该从以下几个方面展开：① 自我评价；② 学生或小组评价；③ 教师评价；④ 作业评价”。

6　对学生学习行为的研究

到目前为止，数学教学行为的研究主要集中在教师一端，很少有人对学生的学习行为进行研究，因为教师主导了整个数学教学过程，且教师的教学行为比较明显，便于研究，而学生的学习行为主要发生在其内部，很难研究。但由于数学教学的最终效果是以学生是否获得相应知识，并且以知识为基础掌握数学思想和数学研究方法，而这些都可以通过学生的学习行为表示，因此，研究数学教学的有效性的另一角度则是研究学生的学习行为。

文[1]通过考察学生的合作学习行为提出合作学习中要关注学生的参与程度和学习效度，认为“在活动三的教学中，只关注学生 3 的回答，忽视了其他小组特别是学困生的学习情况，因此，使得合作学习的学生参与度不够，使合作学习有流于形式之感。合作学习虽然是一种重要的有效的学习方式，但并不是万能的，它还应与其他学习方式有机结合，特别是与自主学习有机结合才能发挥出更好的合作效应”。文[3]对此也有同样的看法。例如“活动的设计者对‘合作学习’的安排比较简单，有流于形式之嫌”。并进一步指出该课例应该“细化问题，给予学生较多的思考时间独立思考、实验，再进行‘合作学习’，才可能使探究活动在较高水平上深入进行”。

7　对学生数学学习心理的研究

学生的数学学习是有意义的学习过程，研究有意义的数学学习的心理过程具有十分重要的意义。

文[4]从“试错”的角度分析了学生在数学学习思维过程中可能出现的错误，并指出“由于数学教学的核心是发展学生的思维能力，而它是以暴露思维过程为前提的，学生的思维能力是在暴露的过程中获得、形成、内化与发展的，而学生的思维错误往往带有一定的普遍性，但有时比较隐蔽，如果不充分暴露思维过程，就治不到‘点’，挖不到‘根’。从暴露学生失误、错误思维入手，启发学生自悟、自救、自现、自纠。因此作为一节常态、自然的数学课，应该能看到学生‘试错’的过程，也就是要有试错的痕迹、析错的过程、纠错的迁移”。

文[10]从学生数学活动思维内容和数学活动思维形式两个角度研究了学

生所获得的过程性知识。从学生数学活动思维内容角度研究了学生获得的感性直觉—理性认识的过程性知识，即“从‘用含 30°的三角板拼 150°的角’开始，学生便不断地观察、实验、猜想、验证、推理与交流，这是一个数学材料的数学组织化过程。通过对数学材料的数学组织过程，积累数学材料的逻辑组织经验，也就是把老师给出的最初问题进行重新组织，把该问题的相关信息再次分配，最后分为两个简单的分问题”。

8　相冲突观点的辨析

(1) 本节课及其“问题拓展”价值何在?

文[6]指出课例基于“以三角板为载体的中考题更是层出不穷”和中考中“借助三角板考查平面图形的镶嵌相关知识几乎未见过，本文正是基于这样的问题驱动，进行如下的教学尝试”是“功利色彩”太浓。并进一步指出“中考会考‘用 66 块全等的含 30°的直角三角板能拼出的十二边形’这样的问题吗? 这样的问题在‘数学社团活动’中探究是可以的，在课堂上花费这么多的时间和精力来进行探究，是否有点‘高成本’和‘高量耗’了? 是否存在‘问题拓展’过当呢?”

文[3]认为“应当说，《一节‘用含 30°的直角三角板拼多边形’的活动课》是落实课改理念的一次比较成功的实践，设计者把一系列课改的新理念融合在活动的过程中，使学生享受一次数学素质成长的丰盛大餐”。文[5]对“问题拓展”的评注为“让学生参加‘教’的活动，在教师的启发引导下学生下定义、做结论、找解法，这样才能更好地掌握知识，发展智能。因为只有这样才能具体问题具体分析。作者认为，通过这样的设计能引导学生在不断反思过去活动经验的基础上，结合问题情境抽象出拼角问题中的数学本质和数学内涵。”

而文[6]与文[3]、文[5]观点相左。

首先来讨论这节课是否“功利色彩”太浓。正是由于“中考中借助三角板考查平面图形的镶嵌相关知识几乎未见过”而为了猜中考题才进行这样的教学尝试吗? 如果真是基于这样的“功利”驱动，为何不是直接把解答过程讲解给学生听，学生听懂后会解题就行了，潘老师还会花一节课时间让学生经历这样的探索过程吗? 另外，也正是因为中考没有考过，这样的问题才有培养学生探索的数学价值，最重要的原因就是学生在其他地方找不到答案。潘老师把学生探索过程放在首要位置，不断引导学生探索发现，体验整个过程，如果说这也是“功利”，倒希望这种“功利”多些。

“问题拓展”过当了吗? 当学生(不假思索地)说“既然能拼出三角形、四边形，也应该能拼成五边形、六边形、七边形……”学生在这个时候已经把思路打开了，就是教师不说“那是不是能拼出任意边数的多边形呢?”学生也自然会提出来，而教师提出来只不过是画龙点睛，帮助学生点透其意欲表达的核心意思而已，这是一个水到渠成、自然而然、量变到质变的必然结果。明知中考不会考“用66块全等的含30°的直角三角板能拼出的十二边形”这样的问题，如果教师在这个位置“刹车”，不引导学生继续探索，反而有某种“功利”色彩，而若是老师继续带领学生探索，说明教师非常重视学生“最近发展区”的发展，不是为了猜题而教学，这反而证明了本节课没有文[6]所谓的“功利”。

(2) 活动一(用含30°的直角三角板拼150°的角)设计的好吗?

文[2]认为“该活动设计较好，为学生提供了较为广阔的探索空间。”文[11]认为“该课例展现的最初活动就是‘用含30°的直角三角板拼150°的角’，这是一个合适的起点，它来源于学生的最近发展区……可以说这个最初的活动奠定了整个活动课的基础：一是学生通过这个活动积累了一些‘拼图’的经验；二是学生从这个活动中唤醒了对凸多边形的认识。正是这个活动的平台作用，后续活动与思考才能得以顺利进行”。

文[10]认为活动一“是一个‘指令’，是教师要求学生这么做的，是‘新型’的牵着学生鼻子走，至于为什么要这么做，这么做的目的是什么，学生全然不知”而“没有明确数学活动教学的逻辑起点”。

可见文[10]与文[2]、文[11]在活动一设计的认识上相冲突。

首先，“‘用含30°的直角三角板拼150°的角’来源于学生的最近发展区”这句话本身就受到质疑，学生的最近发展区是指当前没有达到而经过努力之后才达到的能力之间的差异，“用含30°的直角三角板拼150°的角”对于学生来说并不是没有达到的能力，而是已经达到的能力。

其次，“该活动为学生提供了较为广阔的探索空间”，所拼的图形是“角”，为何要观察所出现的“凸多边形”？学生知道原因吗？不知道。“学生通过这个活动积累了一些‘拼图’的经验”，难道学生在此之前没有过拿含30°的直角三角板拼图的经验？不可能。文[4]开篇引用让·皮亚杰的著名论断“智慧起于动作”，这句话只是说“智慧起于动作”，而没说“动作引起智慧”，为何？因为动作能否引起智慧的决定性因素是这个动作是否有主体的智力参与。如果有智力参与，自然能引起智慧；如果没有智力参与，这种动作与斯金纳试验箱中小白鼠乱跑无二。学生不知道所拼的图形是“角”，而要观察所出现的“凸多边形”，学生不知为何，并且要用含30°的直角三角板拼150°的角，这能有智力参与吗？不能！这就决定了活动一“没有明确数学活动教学的逻辑起点”。

参考文献

[1] 黄继苍. 教学内容活动化 活动内容问题化 问题探索体验化[J]. 中学数学教学参考(中旬)，2010(11)：17-19.

[2] 赵锐.从数学的视角审视数学活动课[J].中学数学教学参考(中旬),2010(11):19-21.

[3] 贺信淳.值得赞扬和研讨的一节活动课[J].中学数学教学参考(中旬),2010(11):21-23.

[4] 李太敏.让数学课在"试错"中"动"起来[J].中学数学教学参考(中旬),2010(11):23-25.

[5] 徐卫东.有效动态生成 揭示数学本质[J].中学数学教学参考(中旬),2010(11):25-27.

[6] 李焱,潘建明."探究过程"精妙 "问题拓展"欠妥[J].中学数学教学参考(中旬),2010(11):28-30.

[7] 陈德前.内化数学素养 积累数学经验[J].中学数学教学参考(中旬),2010(11):30-32.

[8] 郝四柱.挖掘信息内涵 优化构图能力[J].中学数学教学参考(中旬),2010(11):32-34.

[9] 凌云志,王平平.课贵有"觉"[J].中学数学教学参考(中旬),2010(11):34-36.

[10] 沈威.珍视学生活动过程之瑜 警惕教师起点设计之瑕[J].中学数学教学参考(中旬),2010(11):36-38.

[11] 朱玉祥.凸显问题解决在活动课中的教育价值[J].中学数学教学参考(中旬),2010(11):38-39.

教学课例研究8:勿用“圆周率”干扰学生建构极限思想的本质[①]

《中学数学教学参考》2011年第8期刊登了关于研究性学习展示课的文稿《在初中阶段进行极限渗透教学的尝试:“圆周率探密”的课堂教学实录与反思》,并以此开展课例点评,以期引起大家对研究性学习课更为深入和广泛的讨论研究。作者对该课例深感兴趣,主要在于课例中极限思想的渗透,但是该课例既有亮点,也有瑕疵,为此,作者特撰文予以点评。以下是作者对该课例所做的单案例研究,刊登在《中学数学教学参考》2011年第12期上。

“极限思想”是重要的数学思想之一,中小学数学和高等数学中都蕴涵着丰富的“极限思想”。特别是在高等数学中,如果把极限思想除去,高等数学内容便所剩无几,这足以表明“极限思想”在数学学习中的重要地位。无论是从发展学生智力的角度,还是从将来深入研究数学知识的角度,都隐含着适时地向学生渗透“极限思想”的必要性。唐老师也是本着帮助学生“建立数学知识之间的联系,提升数学素养……为高中阶段的学习埋下伏笔,实现初、高中数学学习的有效衔接”进而大胆地进行一次渗透极限思想的教学尝试。

1　教学目标任务的达成

纵观整个课例,从问题2至问题6的探索中,基本完成以下三个方面的教学目标。

1.1　学生通过问题解决深化极限思想实质的建构

“极限思想”主要包括两大范畴:一是无限逼近思想;二是无限趋远思想。无限逼近思想指某变量永恒不断地趋近于某一定值,而无限趋远思想指某变量永恒不断地变大或变小且无法穷尽。这两大范畴的极限思想有时在数学对象中有各自不同的体现,而有时又同时体现在同一数学对象中。虽然这两大范畴的极限思想同时蕴涵于同一数学对象中,却有四种不同形态的数学表征:一是随着自变量无限趋近于某值,因变量也无限趋近于某值;二是随着自变量无限趋近于某值,因变量无限趋远;三是随着自变量无限趋远,因变量无限趋近于某值;四是随着自变量无限趋远,因变量也无限趋远。

① 沈威.《在初中阶段进行极限渗透教学的尝试:“圆周率探密”的课堂教学实录与反思》大家评(续):勿用“圆周率”干扰学生建构极限思想的本质[J].中学数学教学参考(中旬),2011(12):23-26.

小学数学学习材料中就蕴涵着“极限思想”。例如，圆面积公式的推导过程就是把圆一分为二，在无限分割后，拼成一个近似长方形，进而推导出圆的面积公式，如果用极限的思想，可以把这个过程表示为：随着两个半圆的无限分割，圆的面积无限趋于长方形的面积——长×宽。蕴涵的极限思想是：随着自变量无限趋远，因变量无限趋近于某值。学生在小学已经经历了极限思想意义的建构过程，但极限思想蕴涵的意义非常深刻、内涵极其丰富，且小学生的数学抽象思维水平较低，不能完全把握这一极限思想的本质意义，还需要教师在适当的时候通过恰当的材料让学生对这一数学思想的本质意义继续内化。初三学生通过运用等腰三角形、正多边形、圆、锐角三角函数、解直角三角形等知识解决问题、领悟极限思想，这既扩大了相关知识迁移的空间，又建构了极限思想的意义，唐老师这样的教学处理手法是值得称道的。

在问题解决过程中，学生从问题 2（求半径为$\frac{1}{2}$的正五边形的周长）开始，综合运用了正多边形、圆、等腰三角形、锐角三角函数、直角三角形等知识，获得正五边形的周长为 $5\sin 36°$后，继续以半径为$\frac{1}{2}$的圆为基础，探求问题 3 中的圆内接正八边形、正九边形、正十边形和正十二边形的周长。问题 4 是一个无限问题，是在问题 2 和问题 3 的基础上的抽象，学生要解决该问题，需要把无限问题转化为有限问题，用有限的数学语言表示无限的关系，这需要跨越许多思维障碍。学生以问题 2 和问题 3 为基础，经过探索，猜想出问题 4 的结果为 $n\sin\frac{180°}{n}$后，全体学生通过问题 5 和问题 6 验证了该猜想的正确性，并创造性地获得了结论：当 n 不断增大，正多边形的边在无限接近圆周，那么正多边形的周长也就无限接近圆的周长。至此，学生既运用已有知识创造性地解决了问题，又基本完成了对极限思想本质意义的建构。

1.2　学生运用并掌握由特殊到一般的数学研究方法

人类认识世界（客观世界和主观世界）基本按照由特殊到一般、由简单到复杂、由具体到抽象的过程进行。作为认识数学对象关系、建构数学思维的学生，同样遵循着人类认识世界的自然规律。数学作为抽象的形式化的思想材料，抽象程度高，蕴涵的数学思想深邃，必须以恰当的数学材料和适合的教学方法使学生经历数学知识发生、发展的过程，以便他们生成数学知识，建构数学思想。初中生处于数学思维发展的形式运演阶段，数学思维逐步脱离数学化的具体对象，向抽象思维水平方向发展。虽然学生在逐步脱离具体的数学对象，但不能完全脱离。教师在更高抽象度的思维层面进行操作，必须以抽象度低的具体数学对象作为“支架”，为学生提供抽象思维发展的“生长点”。

本课例为了让学生建构极限思想的实质，基本按照从特殊到一般的自然研究规律，选择具体的、简单的以求半径为$\frac{1}{2}$的正五边形的周长为问题。在学生运用已有知识解决该问题后，教师开始将问题复杂化，即提出问题3：求半径为$\frac{1}{2}$的正八边形、正九边形、正十边形、正十二边形的周长。虽然问题复杂了，但其所蕴涵的数学信 息还是特殊的、具体的。问题4则是对前两个问题的一般化、抽象化，当学生解决了教师呈现的从特殊到一般的问题，其数学思维本身便“身不由己”地主动经历、体验并掌握了从简单到复杂、从具体到抽象、从特殊到一般的数学研究方法。

学生把研究过程语义化，用数学概念化的话语表述研究过程，学生6的回答便已说明这点。从学生6的语义表述看，学生已经舍弃了多边形具体的边数和所学几个特殊角的正弦函数值，分析并辨别出了所得数学表达式两部分结构的数学意义。创造性的语义表述说明学生在更高抽象层面建构了数学对象的本质意义，并把这一心理过程有效地压缩为主体易于操作的抽象、动态和弹性图式，将图式中的相关知识和解题策略与其他图式建立非人为实质性的联系，为学生抽象思维能力的发展奠定了坚实的基础。

1.3　学生经历严密计算—数学猜想—非严格形式化论证的过程

数学猜想是学生较高水平的思维活动。“猜想”是数学思维重要的组成部分，合理的“猜想”是建立在对归纳论证和类比的适度运用上，并且包含着推理的全部步骤，对于培养学生数学直觉和合情推理等数学思想观念性思维动作起到至关重要的作用[1]。“猜想”是获得许多发现的重要渠道之一，但“猜想”并不是“空中楼阁”，“猜想”前一定要有猜想的基础——无论是具体的实物、数学表达式还是图形。先猜后证是大多数人的发现之道。说明猜想之后，还需要进行数学意义上的严格证明，只有被证明为正确的猜想才能作为结论，用以解决其他问题或进行数学研究。否则，即便猜想是正确的，也很难被作为一个数学命题、定理、法则等加以运用推广。

本课例通过适当的问题解决，使学生融会贯通三角形、正多边形、圆、锐角三角函数、直角三角形等相关知识，使极限思想有效地建构在这些知识及其解题方法与策略中。上课伊始，学生在教师逐渐复杂化、抽象化、一般化的问题中思考与计算，整个过程涉及的解题知识、解题思路、思维动作、解题策略等都在学生的数学认知结构中不断积淀，为学生对正n边形周长结果的猜想提供归纳、类比和合情推理所需的平台，为学生数学思维启动猜想聚集能量。从学生6

对正 n 边形周长的猜想结果可以反映出本课例前期的工作恰到好处。他的猜想中包括对于多边形边数和正弦函数值由具体到抽象的归纳，同时，他在这个过程中用到了分析思维，即他把多个表达式细分为两类数学结构，从多个类似的结构中洞察他们之间的内在关系，获得 n 边形周长模型猜想的质的飞跃。

学生 6 提出猜想后，全班学生根据猜想用具体数据进行验证，发现并抽象出"随着 n 的增大，正多边形的边在无限接近圆周，那么正多边形的周长也就无限地接近于圆的周长了"。由于学生的数学认知结构中没有 $\lim\limits_{x\to 0}\frac{\sin x}{x}=1$（等价无穷小）这个"生长点"，因此无法完成严格的数学化证明。从学生的角度来说，学生 13 探究的结果已经达到了其最近发展区的上限，随着学习的深入，他们对这个结论的本质意义还会有更深刻的认识。在此过程中，学生的思维经历了"严密计算—数学猜想—非严格形式化论证"过程，洗礼了疲于应考而积累的思维固式。

学生从问题 2 至问题 6 中获得思维构造的整个过程显得十分质朴、自然和水到渠成。但由于受到外部力量的干扰——不断引入"圆周率"，使学生已经建构无限思想的本质被贴上了一张看似大气、响亮却又没有任何意义的"圆周率"的皮，导致学生把已经建构的"变中不变"——"随着多边形边数的增加，其周长无限接近于圆周长"的本质意义和作为系数的"圆周率"混为一谈，使得学生已经建构的"纯而自然"的极限思想浑浊不清。

2　混淆了"圆周率"与极限思想的本质联系

2.1　"圆周率"与所渗透极限思想的本质无实质性联系

本课例的核心是渗透极限思想——"随着 n 的增大，正多边形的边在无限接近于圆周，那么正多边形的周长也就无限地接近于圆的周长了"。为了获得数学上的证明，学生需要计算随着边数的增加，正多边形的周长变化的趋势与圆周长的关系。"圆周率"作为求解圆周长的系数，求出圆周长后则"隐退"。问题解决的后半程是学生比较、抽取和概括出无限逼近关系，与"圆周率"无关。可见，"圆周率"与所渗透的极限思想的本质无实质性联系——为本文专指，并不是说"圆周率"的产生与极限思想无任何联系，它们的历史关系与本课例中"圆周率"和所渗透的极限思想的联系有着本质的差别。为了说明这点，作者简单地介绍一下"圆周率"的"前世今生"。

数学史上对"圆周率"的研究是从计算圆的周长或面积开始的，世界上许多古代数学家所采取的办法都是用圆外切或内接正多边形的周长和面积近似地表示圆周长和圆面积，从而算出"圆周率"。有历史记载的古代数学家主要包括古希腊的阿基米德，中国魏晋时期的刘徽、南北朝时期的祖冲之等。1579 年法国的弗朗索瓦·韦达(François Viète)解析计算的方法开辟了计算 π 的道路,1671 年英国数学家格雷果里(Gregory James)发现著名的格里哥级数,利用无穷级数计算 π 的新方法诞生了,1706 年英国的约翰·梅钦(John Machin)发现"Machin 公式"计算 π,获得了古典方法不可能达到的精度,德国数学家约翰·海因里希·兰伯特(Johann Heinrich Lambert)证明了 π 的无理性,至此 π 的计算也许不会再引起人们多大的兴趣。另外,1600 年英国威廉·奥托兰特(William Ottorant)首先使用$\frac{\pi}{\delta}$表示圆周率。奥托兰特用 π 来表示圆周长,用 δ 来表示直径,根据圆周率的意义,$\frac{\pi}{\delta}$理应表示为圆周率。在推求圆周率的过程中人们常选用直径为 1 的圆,换言之,设 $\delta=1$,于是$\frac{\pi}{\delta}$就等于 π 了。1706 年英国数学家威廉·琼斯(William Jones)首先改用 π 表示圆周率,数学家莱昂哈德·欧拉(Leonhard Euler)继而用之,π 作为圆周率的符号使用至今。

圆周率 π 发生发展的历史史实揭示:是用极限思想推导出了"圆周率",而不是用圆周率 π 揭示了极限思想,即先有极限思想,后有"圆周率",而不是先有"圆周率"后有极限思想。此外,本课例中,学生揭示的是内接正多边形的周长与圆周长的无限逼近关系,而不是在运用极限思想探究、揭示、计算圆周长的过程中发现始终存在一个常系数——圆周率,只是 π 与半径为$\frac{1}{2}$的圆的周长恰好相等而已,学生探究的是两类数学对象间的无限逼近关系,而不是"圆周率"。

2.2 "圆周率"干扰了学生极限思想本质意义的建构

本课例中"圆周率"与极限思想的渗透无本质关系,但教师想方设法地使问题涉及"圆周率",导致本节课看似既有探究起点的基础性,又有探究结果的超越性,既有新课改提倡的渗透数学思想,又有学生探究得到的经典"圆周率",整节课因"圆周率"而大放异彩。其实,正是因为"圆周率"的头(问题引入)与尾(猜想与反思)的"参与",使得本节课的最终教学效果大打折扣,令人失望。

(1)"问题引入"形同虚设。"问题引入"是要求学生"利用计算器计算 $1\,900\sin\frac{180^\circ}{1\,900}$的值",随后又让学生"将式中的 1 900 换成 900 再试一次",分别求出两个代数式的值。首先,"问题引入"不是问题,而是指令,而且这个指令下得令学生愕然,不知道为何计算,即便学生在计算之后还发出"太不可思议了"的惊叹,但问题及其结果犹如从天而降,学生不知其从何而来。

(2)更换数据没有依据。教师提出"将上式中的 1 900 换成 900 再试一次"的原因是什么?有何数学依据?有何需要做出更换数据的问题内部要求?对后面的探究有何启发？是学生主动发现的吗？但没有原因，没有依据，没有要求，没有启发，不是学生主动发现，只是教师在要求这么做。如果学生长期成长在这样的教学情境中，只能养成执行指令、惊叹计算结果和不会提出问题的不良数学学习习惯。

（3）"猜想与反思"的引导暗示画蛇添足，干扰学生极限思想本质意义的建构。教师在学生10惊讶地发现"当 n 不断地增大时，$n\sin\dfrac{180^\circ}{n}$ 的值会不断地接近圆周率 π 的值"后，板书学生10的发现，这一教学行为暗示全班学生教师支持学生10的发现，并通过话语再次明示"学生10的直觉是对的"。即在引导和暗示学生要多联系"圆周率"，这就是干扰学生建构极限思想本质的症结所在。原因主要有两个方面：一是学生本已建构的思想被教师的引导暗示所禁锢。"随着边数的增大，正多边形的周长无限接近于圆周长"与"当 n 不断地增大时，$n\sin\dfrac{180^\circ}{n}$ 的值会不断地接近圆周率 π 的值"不是一个层面的问题。"随着边数的增大，正多边形的周长无限接近于圆周长"与"圆周率"无关，抽象层次更高、迁移空间更大、使用范围更广、揭示的极限思想更彻底。"当 n 不断地增大时，$n\sin\dfrac{180^\circ}{n}$ 的值会不断地接近圆周率 π 的值"却被教师所引入的"圆周率"所禁锢。二是学生无法把握被"圆周率"禁锢的极限思想的实质。教师不但在学生问题解决过程中引入"圆周率"，让本已作为一张皮的"圆周率"贴在了学生极限思想的图式上，使学生很难"拨云见日"地把握极限思想的本质意义。同时，在"问题延伸"中大谈"圆周率"，进一步导致"圆周率"严重侵蚀、禁锢着学生在问题6中已经建构的含有弹性问题情境而具有迁移性的极限思想。

参考文献

[1] 乔治·波利亚. 数学的发现：第二卷[M]. 刘景麟，曹之江，邹清莲，译. 呼和浩特：内蒙古人民出版社，1982.

教学课例研究9:珍视学生活动过程之瑜 警惕教师起点设计之瑕[①]

《中学数学教学参考》2010年第8期刊登了关于研究性学习展示课的文稿《一节“用含30°的直角三角板拼多边形”的活动课》,邀请各地数学教师和教研工作者参与点评。作者对该课例深感兴趣,为此,特撰文予以点评。以下是作者对该课例所做的单案例研究,刊登在《中学数学教学参考》2010年第11期上。

从《一节“用含30°的直角三角板拼多边形”的活动课》(以下简称文[1])中可以看出数学活动教学是学生通过动手操作激发求知欲,探求操作对象中蕴涵的未知的数学奥秘,体现数学探究学习的过程。作者主要从以下3个方面完成该课数学探究学习目标,并就该文提出几点疑问。

1 培养动手与交流能力

在传统的数学教学模式下,学生除了看、听和思考,没有机会或很少有机会参与教师教学的过程,新课程改革则注重培养学生的动手操作能力和交流能力,文[1]就是这次新课程改革思想的集中体现。例如:学生先动手拼150°的角,并继续尝试,很快得到只能拼出3种内角度数不同的三角形的结论,并以拼出3种内角不同度数的三角形的拼角经验为基础,把拼三角形的经验迁移到拼四边形的上,继续扩充其拼角经验的空间。由于四边形的内涵比三角形的内涵丰富,体现在拼图形上面就是拼四边形的复杂程度更大一些,但是学生并没有“蛮干”,而是先进行理论实验,获得可靠的理论支持之后,再进行拼图,重复同样的情形,一直到本节课的结束。该课例体现出学生动手过程中的智力参与,没有智力参与,就不能通过逻辑计算获得所拼多边形的边数,也不可能在短时间内拼出相应的图形来。

此外,在学生动手拼图的过程中,合情推理和元认知也一直在积极地参与其中。合情推理帮助学生在头脑中先行尝试拼图,在数学认知结构中构成朦胧的、可能的多边形表象,然后主体根据这种朦胧的表象尝试拼图。合情推理的过程也是元认知不断调节的过程。元认知主要参与合情推理的监控、反馈与调

---

① 沈威.珍视学生活动过程之瑜 警惕老师起点设计之瑕[J].中学数学教学参考(中旬),2010(11):36-38.

节，如果没有元认知的参与，主体只是一味地进行拼图的尝试，合情推理的结果不能及时被监控与调节，该结果就不能反馈到认知结构，也就不能调整该合情推理的过程。

在此过程中学生的数学交流能力同样获得发展，数学交流能力的发展体现在话语表达上，学生的话语表达的发展和提高主要体现在话语表达由不准确向准确发展，由不严谨向严谨发展，生活语言向数学语言转化，代数语言与几何语言互化。例如，文[1]学生1、学生2、学生5、学生10等的回答，就体现出这样的发展过程。

2　渗透转化的数学思想

渗透数学思想、发展数学思维是数学新课程改革大力提倡的，也是数学教学追求的终极目标。从客观上讲，每一节数学课都蕴涵了一定的数学思想，这些数学思想需要教师挖掘，通过数学知识发生和发展的过程，提炼其中蕴涵的数学思想。对于文[1]，整节课基本实现了渗透本应该渗透的数学思想——化归思想的目标。

从文[1]可以看出，学生3从学生1、学生2的回答中或者拼三角形的过程中受到了启发，把四边形问题化归为三角形问题，即学生3说“受刚才拼三角形问题的启迪，我们就试了试”。另外，从文[1]的“第5环节——问题拓展”可以看出，学生不但深化化归思想，还表现出归纳推广、运用思想的能力，即学生4的回答“(不假思索地)既然能拼成三角形、四边形，也应该能拼成五边形、六边形、七边形……”在这一环节中，学生对化归思想的运用有了质的突破，这是因为在前面的环节，学生从四边形化归为三角形，这是临近性化归，四边形与三角形的共同要素多，能够把握它们之间的本质联系。而对于任意多边形则不同，这是一个无限的问题，把无限问题化为有限问题，用有限的思想把握无限有许多障碍需要突破。从学生5～学生10的“接力”回答中可以看出这其中的障碍，也恰恰体现出数学活动教学为学生提供了探索平台的价值。

3　体验过程性知识

“生成结果、体验过程”是当今建构主义思潮对数学教学的启示，学生在探究过程中不但把握了数学知识发生发展过程，还建构了探究过程中的过程性知识。过程性知识是一种只可意会不易言明的体验，这种体验帮助学生在数学探究学习中对探究对象与进程进行调节与预测。文[1]学生主要从以下两个层面体验数学活动的过程性知识：

(1)感性直觉—理性认识过程。拼图活动是动态的、开放的，学生在拼图过程中，从“用含30°的三角板拼150°的角”开始，便不断地观察、实验、猜想、验证、推理与交流，这是一个数学材料的数学组织过程。通过对数学材料的数学组织过程，积累数学材料的逻辑组织经验基础，把教师给出的最初问题进行重新组织，再次分配该问题的相关信息，最后分为两个简单的分问题。从外在表现上，学生通过探索把一个问题分解为两个简单的问题：问题①用若干块全等的含30°的直角三角板能拼出哪些内角度数不同的三角形？问题②用若干块全等的含30°的直角三角板能拼出哪些内角度数不同的四边形？并以这两个问题为基础，逐步从感性直觉引入数学推理，在数学理性层面探究该问题，最终从动手拼图活动化为严密的数学论证问题，完成数学材料的逻辑组织，获得相应的数学理论。获得数学理论只是数学研究活动的中间环节，以获得的数学理论为基础，进一步探索数学规律或者将其应用于实践，也就是学生综合运用合情推理和归纳概括提出猜想：既然能拼成三角形、四边形，也应该能拼出五边形、六边形、七边形……

（2）感—悟—恍过程。“感性直觉—理性认识”过程是从学生数学活动内容视角体验过程性知识，“感—悟—恍”则是学生从数学活动思维形式体验过程性知识。文[1]回答问题的学生只是全班学生的一小部分，也就是说，还有大部分学生处于接近解决或半解决该问题的状态。在上课开始，教师给学生三角板让学生拼150°的角，对于全班学生而言，他们在这个阶段对拼图获得的直观感受基本相同。但从把“用含30°的直角三角板拼成150°的角”的任务分解为两个问题开始，由于学生原有的知识基础不同，空间想象能力不同，逻辑推理能力不同，感性材料数学问题化能力不同，学生在解决这两个问题的速度上有快有慢，在获得结论的时间上有先有后。在学生先获得该问题答案并回答的过程中，对那些没有获得答案的学生而言，一方面在学生的回答的启发下，可以反思自己的解题过程，找出存在的盲点；另一方面他们又要以现有的结果为基础继续展开新的探索。由于这部分学生既要把其他学生的答案在自己数学认知结构中与原有的知识建立非人为实质性的联系，又要开始新的探索历程，显然，这些学生的思维进程处于“慢半拍”的“悟”的状态。但是这种“慢半拍”并不是按照逻辑形式推进的，可能会出现“跨越式”现象，超越其他学生。这是因为数学思维在推进的过程中，需要各种知识与经验，有的学生在前一部分推理过程中慢，可能是因为缺少相关的知识经验，而到后面的部分，他自身又具备需要的相关经验，这时就体现出“跨越式”的“恍”的质的飞跃，文[1]中对学生7回答的描写就是这一聚焦性的体现。也就是说，无论是数学基础强的学生，还是基础弱的学生，他们的数学思维都经历了“感—悟—恍”这一过程。

4 对活动课的几点疑问

以上只是概括性地指出文[1]体现的数学活动教学的诸多优点中的一部分。但文[1]的瑜却掩不住其瑕，下面从两个方面对其分析。

(1) 没有明确数学活动教学的逻辑起点。

数学活动教学本质上是数学探究教学,因此数学活动教学应该体现数学探究教学的本质。探究教学的逻辑起点是“探什么?”体现在数学探究教学上就是先有一个问题,全班学生为解决这个问题,充分调动思维、展开探究,最终创造性地解决这个问题,或者创造出新概念、定理、命题、公式和方法等。如果数学探究教学没有问题,学生就无从探究,那么这种探究就是一种表面上的探究,从本质上来说是一种假探究。

对于文[1],教师先让学生“用含 30°的直角三角板拼 150°的角”,在学生拼 150°的角的过程中,再让学生观察拼 150°角的过程中出现的凸多边形之后,才提出问题:用若干块全等的含 30°的直角三角板能拼出哪些内角度数不同的凸多边形?也就是说从让学生拼图形开始,到提出问题之间的时间内,学生的拼图行为就是盲乱的、没有目的的。这就造成一种不得不承认的现实——为了活动而活动。也许会有意见指出教师不是已经让学生“用含 30°的直角三角板拼 150°的角”了吗?请注意,这不是一个问题,而是一个“指令”,是教师要求学生这么做的,是新型的牵着学生鼻子走,至于为什么要这么做,这么做的目的是什么,学生全然不知。那么在这种状况下,学生动手操作活动还会有智力参与吗?

(2) 没有明确转化的基础。

转化指把复杂的问题简单化,用简单的知识解决复杂问题。对于数学教学而言,渗透转化思想是数学教学的重要任务之一,因为大部分数学问题都要用到转化思想。渗透转化思想的数学教学,首先要明确转化的基础,也就是本节课所有问题的解决都要以最初始探索的问题为基础,把所有的问题都转化到初始的结果上,最终获得问题的解决方法。

对于文[1]中第 2 环节的教学说明“用含 30°的直角三角板拼成的多边形种类繁多,引导学生先从最简单的拼三角形问题入手探究规律,再把这种规律推广到边数更多的多边形问题中,让学生在问题分解的过程中获得解决问题的基本策略和经验,感悟转化的数学思想”。说明本节课转化的基础是问题①:用若干块全等的含 30°的直角三角板能拼出哪些内角度数不同的三角形?而我们又知道问题①来源于活动一:用含 30°的直角三角板拼 150°的角。因此,本节课转化的基础是活动一,即 150°的角,但是从后面的活动过程来看,150°的角并没有构成转化的基础,换句话说,本节课没有转化的基础。另外,从转化的基础视角来看,转化的基础应该是最简单的,那么从拼图上来说,最简单的图形莫过于两个 30°角相拼,拼成一个 60°的角。为何要拼 150°的角?这让人费解。

综上,一节数学活动探究课的逻辑起点是为了活动而活动,所渗透的化归思想没有化归基础。也许教学过程是精彩的,结果是喜人的,但是对于数学活动教学而言，没有起点与落脚点，不知道这种精彩与喜人能走多远？

参考文献

[1] 潘小梅. 一节“用含 30°的直角三角板拼多边形”的活动课[J]. 中学数学教学参考(中旬)，2010(8)：17-19.

教学课例研究10:正比例函数图像课的应然追求与实践分析[①]

《中学数学教学参考》2016年第5期刊登了“正比例函数的图像”的“设计文本”,并在其网站上发布了相应的“课堂视频”,面向全国开展“课例大家评”活动。作者对该课例兴趣十足,特撰文予以点评。以下是作者对该课例所做的单案例研究,刊登在《中学数学教学参考》2016年第8期上。

正比例函数图像是学生在中学阶段学习的第一个函数图像,既是一个重要的数学概念,又是研究函数的重要工具,学生理解正比例函数图像需要对其做出意义性和工具性的双重理解,这对培养学生函数观念和数形结合的研究视角具有重要价值,在中学数学内容中占有十分重要的地位。本文以《正比例函数的图像》[1]一文(以下简称课例)为载体探讨正比例函数图像课的应然追求,并对课例进行实践分析。受篇幅所限,仅探讨以下三个方面。

1 课题导入

正比例函数的图像在中学教材中被安排在第四章第3节,第2节从代数角度研究了一次函数与正比例函数,即以解析法进行研究。而函数有三种表示方法,在数学研究中,用不同方法研究统一的数学对象能获得不同的研究成果。函数表示方法的多样性启示我们,还需以列表法和图像法对其进行考查。

既然数学研究方法启示了教学设计思路,那么课题导入的设计也必然要遵循数学研究方法的内在关系。根据正比例函数图像这节课的前后关系,课题导入的设计应以函数的表示方法为起点,引导学生从研究函数方法的视角导入课题。可以设置“前面我们用解析法研究了一次函数与正比例函数,今天我们要做什么事情?”启发学生做出全面思考。基础比较好的学生经过思考可能能够获得答案,当然也会有很多学生无法获得本节课的研究问题,那么教师需要对启发性问题做进一步转换,将其转换为“前面以解析法研究了一次函数与正比例函数,今天要做什么事情?”有了这一启发,大部分学生自然能够获得本课研究的课题,教师再进一步指出“今天我们用列表法和图像法再次进行研究”。

上述讨论揭示了本课题是“用列表法和图像法研究一次函数与正比例函

---

① 沈威,陆珺.正比例函数图像课的应然追求与实践分析[J].中学数学教学参考(中旬),2016(8):4-8.

数”，确定研究对象是一次函数与正比例函数，研究方法是列表法和图像法。由此建构了研究框架表格（表 1），得出共有 4 种研究情况：以列表法研究一次函数；以列表法研究正比例函数；以图像法研究一次函数；以图像法研究正比例函数。

表 1　研究框架表

研究方法	一次函数	正比例函数
列表法	以列表法研究一次函数	以列表法研究正比例函数
图像法	以图像法研究一次函数	以图像法研究正比例函数

根据不同的研究方法与研究对象获得了 4 种研究情况，自然地，要讨论这 4 种研究情况的可行性，即哪些情况可以研究、哪些情况不能研究、先研究哪些情况、后研究哪些情况。首先探究能不能以列表法研究一次函数与正比例函数。在此之前，学生已经学习了函数表示的三种方法，对列表法和图像法的本质特点有了充分的把握，列表法只能列出可数个点，无法列出连续区间内的所有点，而一次函数与正比例函数是连续函数，无法通过列表法展现它们的全貌，即不适后用列表法研究。图像法可以研究连续函数，可以以图像法研究一次函数与正比例函数，那么通过图像法是先研究一次函数还是先研究正比例函数？按照数学研究从简单到复杂的研究思路，应该先研究正比例函数，而北京师范大学出版的数学教材正是以此思路设计的。可以设置如下一串启发性问题驱动学生对上述讨论进行探究：① 这节课是以列表法还是以图像法研究一次函数与正比例函数？② 列表法能不能揭示一次函数与正比例函数的全貌？③ 列表法能表示哪些类型的函数？能否表示一次函数与正比例函数？④ 既然列表法无法揭示一次函数与正比例函数全貌，那图像法是否能够研究一次函数与正比例函数？⑤ 根据刚刚讨论的一次函数与正比例函数的特征，可以用图像法对其进行探究，那么通过图像法是先研究一次函数还是先研究正比例函数？⑥ 做数学研究，先研究复杂的问题还是先研究简单的？⑦ 一次函数与正比例函数哪个更简单呢？⑧ 正比例函数是一次函数的特殊情况，比一次函数简单，所以本节课该以图像法研究正比例函数。上述启发性问题串并不是机械的、一成不变的，而是灵活的、动态变化的，需要根据学生的实际情况做恰当调整，把启发性问题置于学生的最近发展区内。

课例“课堂视频”的导入的课题是“今天我们学习第 3 节‘一次函数（第 1 课时）’，正比例函数的图像，课题就给了我们学习的任务”。从课例的课题导入来看，有以下几方面需要探讨：一是从建构主义教学观来看，建构主义强调学生提出研究问题并对知识的意义做出自己的理解，建构主义教学观引入我国有十余年，其相关论述体现在诸多数学教育研究文献中，包括《义务教育数学课程标准(2011年版)》。但课例在课题导入上没有体现这一教学观，课例是直接给出课题，没有以恰当的方式启发学生提出课题。二是课题导入反映出学生学习的被动性，课题不是教师引导学生提出的，也不是教师自己给出的，而是教师把课题作为第三者的身份介绍给学生，导致在课例中有三个"群体"，学生获得知识的来源不是自己、不是教师，而是来源于第三个"群体"，这与学生是学习的主体，教师是学习的主导的理念相悖。三是学生获得知识的来源既不是以他们的数学认知结构为生成器，亦不是教师以第一人称的身份按照数学研究方法决定的设计思路，即自我表露式地告知学生本课课题，而是以书上的标题为权威，书上怎么说，学生就怎么做，这对培养学生的独立思考能力和批判性精神是无益处的。

2　获得作正比例函数图像的基本过程

如何以图像法研究正比例函数？首先要探究图像法研究函数的步骤与程序。如何画函数的图像——这是在用图像法研究正比函数之前必须要解决的，或者说可以在探索以图像法研究正比例函数的过程中，同步解决函数图像的画法。学生在七年级下学期学习了"用图像表示函数的关系"，对函数图像表示函数有一定的理解与把握。函数的图像是由无数个点组成的，画函数图像必然要在平面直角坐标系内做出函数的对应点坐标，即描点。在描点之前需要解决描点的依据，即这些点的坐标是什么，引导学生认识到描点之前需要找到相应点的坐标。点的坐标表示为(x,y)，自然地需要找出正比例函数的自变量与因变量的坐标表示，表示这些自变量与因变量之间的关系的最好方式是列出一个表，在对应的位置上写出相应的自变量与因变量。

课例在明确本节课是研究正比例函数的图像之后，并没有引导学生探究做出图像，而是给出气温变化图并简单讨论了气温与时间是不是函数关系，虽然执教者在"课堂视频"中提出"我们能够用这条曲线表示这两个变量的关系，你能说出它的理由吗？"但从教师与学生的讨论过程来看，师生均没有给出"用这条曲线表示这两个变量关系"的理由。在此之后，教师依然没有引导学生探究正比例函数图像的画法，而是让学生齐读学习目标。从课堂教学来看，教师设置了这样两个教学目标：① 会画正比例函数的图像，掌握正比例函数的图像及性质；② 通过对函数图像的观察与比较，培养学生由图像获取信息的方法与能力，使学生体会用图像描述函数的优势，为后继的学习打好基础。

在学生齐读学习目标之后，教师在"课堂视频"中指出"正比例函数……怎么让我去画？困惑当中，我们又想起了谁呀？刚才的气温变化图……大家回忆一下它是怎么画出来的”，学生通过分组讨论获得了气温变化图的画法，并获得了画函数图像的基本过程：列表、描点、连线。但是，这个画图像的基本过程并不严密，从教学过程来看，教师和学生均没有对气温变化图中相关数据进行列表，只是教师对这一过程进行口头表述。在获得画函数图像的基本过程之后，教师呈现幻灯片，吩咐学生“按要求去做”。幻灯片的内容是“总结概括，定义函数的图像，请同学们依据图像的生成过程，试着给函数图像下个定义，有了初稿，再翻开课本第83页开始一段，阅读理解函数图像的定义，自我矫正”。执教者“按要求去做”的指挥性语言造成学生对“为什么要做”缺乏认知，由此不难发现学生在此过程中不是主动学习的，而是被动的。此外，教师没有让学生给出他们对函数图像定义的内容，也没有对学生给出的定义进行比较，而是让学生齐读教材中函数图像的定义，学生最终可能能够记住教材上的定义，但他们的理解与教材中的定义相差多少，就无从知晓。

因此，如果学生能够根据复杂的气温变化图像获得画函数图像的基本过程，那么也就有能力以简单的正比例函数为基础获得画函数图像的基本过程，但舍弃简单的方法，而选择复杂的，最终与数学研究方法相矛盾。

3 探究正比例函数图像的线性特征

根据画函数图像的基本过程，学生能够画出正比例函数 $y=2x$ 的图像，学生要掌握画图像的基本技能，更为重要（亦是该节课的核心）的是证明正比例函数图像是一条直线，即正比例函数图像的线性证明。这需要综合运用多种知识，如比与比例知识、函数知识等。

事实上，由正比例函数图像得到当 $k>0$ 时，y 随 x 的增大而增大，随 x 减小而减小，当 $k<0$ 时，y 随 x 增大而减小，随 x 减小而增大，这一结论没有体现正比例函数图像的核心思想与价值。当学生按照正比例函数解析式列表时，就能够获得这个结论，无须在画出图像之后才得到该结论。对正比例函数图像直线性的探索才体现出正比例函数的思想性，这里涉及众多数学思想，例如，如何突破列表中离散的自变量与因变量的对应关系画出连续直线，如何由对正比例函数图像直线性的经验性感知上升到严格的逻辑证明等。下面以正比例函数 $y=2x$ 为例，展示探究该函数图像是直线的过程。

（1）列表（表2）

表2 正比例函数的自变量与因变量的坐标表示

x	……	-1	0	1	2	3	4	5	6	7	8	9	10	……
y	……	-2	0	2	4	6	8	10	12	14	16	18	20	……

（2）描点（图 1）

根据图 1 平面直角坐标系中点的位置，若这些点之间有某种规律，便可以更加方便地画出函数 $y=2x$ 的图像。这些点之间有什么规律？这些点之间的点在何处？它们之间是什么图形关系？如何证明？

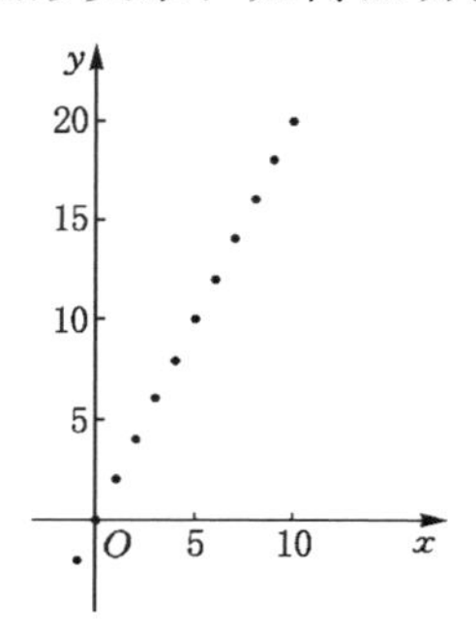

图 1　正比例函数图像描点图

经过不断增加点的密度，可以发现这些点可能在一条直线上，这仅仅是猜想，那如何证明？或者说这些点为何都在同一条直线上？

如图 2 所示，把相应的点构造直角三角形，可以得到这些点的横坐标每增加 1，则这些点的纵坐标增加 2，由此得到这些点构造的直角三角形斜边在同一条直线上，当斜边在同一条直线上。下面考查函数 $y=2x$ 的点坐标是否都在这些直角三角形的斜边上。

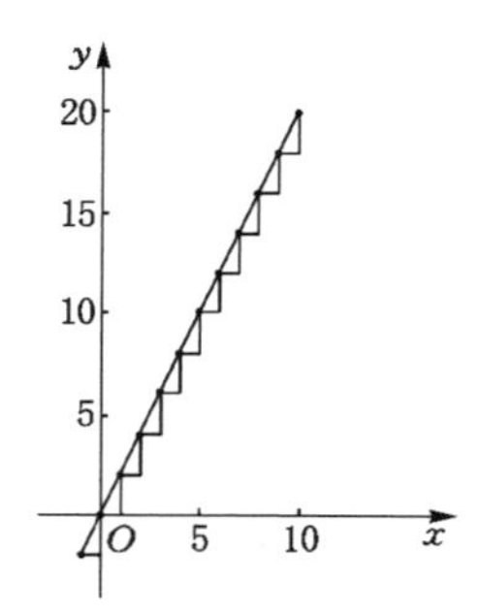

图 2　构造直角三角形

如图 3 所示，根据函数 $y=2x$，任取一点 A，其坐标为 $(a,2a)$，在该点的横坐标上任取一横坐标增量 h，根据解析式，该对应的点 B 的坐标为 $(a+h,2(a+h))$，则 $\frac{\text{纵坐标增量}}{\text{横坐标增量}}=\frac{2(a+h)-2a}{h}=2$，坐标点所形成的直角三角形与原众多直角三角形相似，且点 A 在直线上，所以，点 B 也在直线上。因此函数 $y=2x$ 的所有点组成一条直线(图 4)。在此基础上，按照上述步骤对任意正比例函数 $y=ax$ 图像的线性特征做出证明。

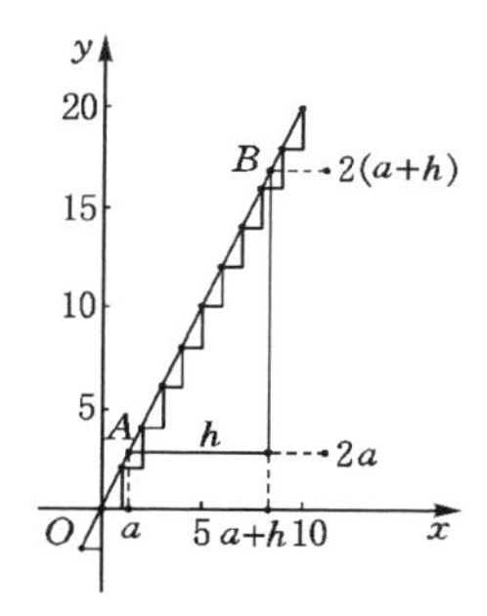

图 3　构造坐标增量

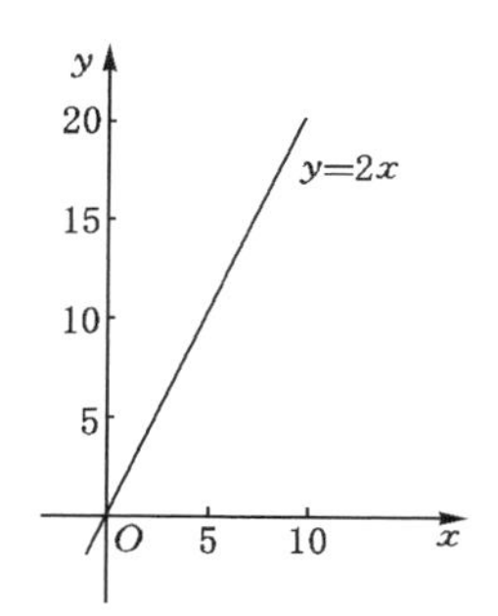

图 4　函数 $y=2x$ 的图像

课例在讨论正比例函数图像的线性特征过程中，虽然执教者让学生自己画图，并比较众多学生所画的图像，发现这些图像都近似一条直线，但是师生的讨论并没有从根本上揭示正比例函数图像的线性本质。作者把课堂中师生关于整理比例函数图像线性特征的讨论摘录如下：

教师：……正比例函数图像有无数条，那你敢不敢说，所有的正比例函数都是一条直线呢？你们能说说理由吗？正比例函数有多少条？无数条？你画了两条你敢说所有的正比例函数都是一条直线吗？

学生 1：它不管怎样都经过原点，并且它总是经过原点和$(1,k)$。

教师：它肯定经过原点，这我承认，经过$(1,k)$我也承认，刚才我的顾虑是你画两个点就能代表所有的直线吗？

学生 1：其他的也都经过原点和$(1,k)$，并且两点确定一条直线。

教师：还有其他更有说服力的理由吗？

学生 2：把 x 代入任何数，再连起来，看是不是一条直线。

教师：它就是一条直线，我的意思是所有的正比例函数，对 k 来分类的话，最少可以分几类？两类：一看大于零，二看小于零。我们画的就是一条大于零的，一条小于零的就够了，你们有异议吗？

学生(众)：没有。

教师：于是我们的收获是正比例函数的图像是一条直线，那再画正比例函数图像还用列表、描点、连线吗？

学生 3：不用。

教师：那我们应该怎么做？

学生 3：画两个点——原点和(1，k)。

至此，正比例函数图像的线性特征已讨论完毕。

在上述讨论过程中，师生针对正比例函数图像是不是一条直线进行了探究，但是探究得并不彻底。从执教者的问题来看，虽然他指向了讨论正比例函数图像是不是一条直线，但他的本意却指向对 k 的讨论，并无讨论正比函数图像是不是一条直线的实质意愿。所以当学生回答了“把 x 代入任何数，再连起来，看是不是一条直线”之后，执教者却说“它就是一条直线，我的意思是所有的正比例函数，对 k 来分类的话，最少可以分几类?”从学生的回答内容来看，该内容已经蕴含了连续函数定义域选取的任意性的本质，但是执教者没有在此处做更进一步的引导，而是将学生的思考引导到对 A 的讨论上，含糊地把正比例函数图像默认为直线。此外，在学生给出“正比例函数图形都经过原点和(1，k)，并且两点确定一条直线”的回答之后，执教者并没有对此提出异议。事实上，学生的这个回答不严谨，“正比例函数图像都经过原点和(1，k)”是对的，“两点确定一条直线”也是对的，但是它们之间却没有逻辑关系，而教师没有对此提出任何异议，而仅是把原点和(1，k)作为画正比例函数图像的简捷途径，但这都是建立在正比例函数图像是一条直线的结论之上的。

引导学生提出课题、获得作正比例函数图像的基本过程和探究正比例函数图像的线性特征等是“正比例函数图像”一课的核心。基于上述讨论，培养学生提出问题的能力、探究能力、数学思想方法等在该课中的落实并不尽如人意，与文献[1]的阐述尚有一定距离。当前，在“四基”的基础上提出“数学核心素养”，但如何把《义务教育课程标准(2011 年版)》中的相关理念落实到实践教学之中这一问题还亟待解决，为此，进一步丰富与完善教师的数学学科教学知识，应是一条可行的路径。

参考文献

[1] 吕学江. 正比例函数的图像[J]. 中学数学教学参考(中旬)，2016(5)：20-22.

教学课例研究 11:核心素养指向的数学微课设计策略研究[①]

《中学数学教学参考》于 2019 年第 8～11 期刊登了四批微课示例,作者一直对数学微课有着浓厚的兴趣,特撰文予以点评。以下是作者对第 8～9 期刊登的 17 个微课课例做的多案例研究,刊登在《中学数学教学参考》2020 年第 9 期上。

1 问题提出

随着互联网与视频录制技术的发展,短视频的制作变得日趋容易。数学微课(以下简称微课)作为一种特殊短视频,利用短视频对观看者的听觉与视觉产生强烈感官刺激优势,结合数学教学的不同需求,打破 40～45 分钟一整节课教学视频的固有模式,在短时间内展示某个数学概念、原理、公式等形成的原因、背景和过程等,揭示数学思想,渗透数学核心素养,对学生学习数学、教师延展数学教学空间以及教师之间交流数学教学思想、策略与方法等均具有重要意义。《中学数学教学参考》特别策划了"核心素养指向的'重难点突破'创新教学微课"展示与点评征文活动,为研究当前数学教师对微课突破数学重难点、渗透核心素养的认识与运用策略等提供珍贵资源。

2 研究方法与过程

本研究旨在探究当前数学教师对微课如何突破数学重难点、渗透核心素养的认识与策略等,针对这类研究特点,质的研究方法作为一种从经验资料的基础上建立理论的方法,适合当前研究的需要。同时,研究也借鉴了"扎根理论"的研究策略。扎根理论的主要特点不在其经验性,而在于它从经验事实中归纳与抽象出新的认识、概念和思想,以 NVivo12.0 质性数据分析软件作为辅助工具,不带预设地"扎根"于研究资料,对研究资料进行"自下而上"的理论建构。质的研究方法的研究工具是研究者本人,在编码过程中,研究者对研究资料分析并持续比较,进行"内在的互动"。

本研究采用遵循质性研究的"目的性抽样"原则的强度抽样方法选择个案,力图为本研究提供丰富信息的个案,选取了《中学数学教学参考》2019 年第 8 期

① 沈威,任春草.核心素养指向的数学微课设计策略研究[J].中学数学教学参考(中旬),2020(9):9-11.

和第9期刊发的17个微课教学案例作为研究对象，分别是《三角形内角和定理的探索》《一元二次方程的求根公式》《无理数的发现》《有理数加法法则的探索》《配方法解一元二次方程》《应用一元二次方程》《三角形全等判定定理“SAS”的探索》《一元二次方程》《巧用交点法求二次函数的最值》《等腰三角形“三线合一”性质的探索》《含30°角的直角三角形的性质》《圆及相关概念》《圆周角定理证明》《字母表示数》《两个矩形是否相似》《探索去括号法则的过程》《实数的引入》。

根据《中学数学教学参考》刊发的微课文本及其微信公众号提供的微课视频，基于研究目的，仅以期刊刊发的微课文本不足以透视微课视频的全部，因此，本研究先对17个微课视频做文字誊录，再把微课文本、微课视频和微课视频誊录稿三者结合起来，共同作为研究对象。研究是一个循环往复、循环前进的动态过程，在不断研读微课文本和微课誊录稿、观看微课视频、查阅文献、编码、特征分析、模型建构的过程中来回穿梭，循环往返，螺旋式前进，不断演进、抽象与概括并理论化的过程，研究过程路径如图1所示。

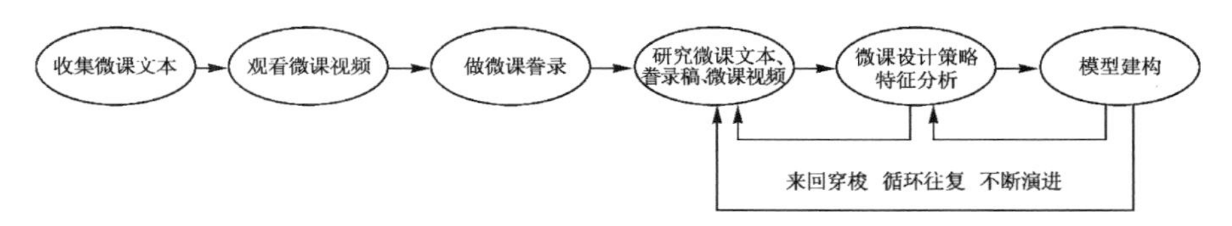

图1 研究过程路径图

3 研究结果

3.1 数学微课引入策略

由于微课时间较短、内容蕴含思维量大，做好微课引入，快速凝聚观看者注意力并发动思维力进入微课的“故事情节”意义重大，因此微课的引入方式，即教师设计的微课引入策略非常重要。经过反复研读微课文本、观看微课视频，对微课引入策略做特征分析与归类，并归纳出数学微课的引入策略形式：数学史故事引入、实验活动式引入、问题解决式引入和问题驱动式引入。

3.1.1 数学史故事引入

以数学史故事引入的微课共有3个，分别是《三角形内角和定理的探索》、《无理数的发现》和《配方法解一元二次方程》。其中《三角形内角和定理的探索》以泰勒斯(Thales)研究三角形镶嵌问题为起点引入，通过图形拼接引发猜想，激发观看者的兴趣；《无理数的发现》以2000年前古希腊数学家毕达哥拉斯(Pythagoras)的观点及其学派成员希伯索斯(Hippasus)的发现为起点，制造认知冲突，引发观看者一探究竟的观看兴趣；《配方法解一元二次方程》则是以节选BBC纪录片中3 500年前巴比伦人在只有图示和语言表述背景下给出一元二次方程解法的方式引入微课，引发观看者的兴趣。

3.1.2 实验活动式引入

以实验活动式引入的微课共有2个，分别是《等腰三角形“三线合一”性质的探索》《含30°角的直角三角形的性质》。《等腰三角形“三线合一”性质的探索》以等腰三角形纸片折叠活动引入微课，引导观看者发现等腰三角形“三线合一”性质的猜想，进而证明性质，并简单应用性质；《含30°角的直角三角形的性质》以用直尺测量多个形状相同、大小不同的含30°角的直角三角板的最短直角边（即30°所对的直角边）与斜边的长度的实验操作，激发观看者的兴趣并启动思考。

3.1.3 问题解决式引入

以问题解决式引入的微课共有7个，分别是《应用一元二次方程》《一元二次方程》《巧用交点法求二次函数的最值》《字母表示数》《两个矩形是否相似》《探索去括号法则的过程》《实数的引入》。《应用一元二次方程》是以生活情境引入方式，播放学生在学校奔跑玩耍的图片和视频，点明3个主题：① 数学来源于生活；② 方程是研究数量关系的有力工具；③ 本节课研究几何图形中的行程问题；《一元二次方程》是以4个实际问题为引入，让学生用方程表示题中的数量关系，体会建立方程模型及符号语言的作用和意义；《巧用交点法求二次函数的最值》以实际问题引入微课，由实际问题抽象建模一元二次函数，探究求二次函数最值的技巧与方法；《字母表示数》以扑克牌中的字母代表什么数字引入微课，让学生初步体会字母表示数的数学意义；《两个矩形是否相似》以矩形黑板为例引入微课，引导学生通过计算各边是否成比例，探究矩形相似的条件；《探索去括号法则的过程》以小亮勤工俭学为情境建构实际问题，引导学生探索去括号法则过程，掌握去括号的法则；《实数的引入》以解决“通过求面积为1，2，4的正方形边长，发现面积为2的正方形边长既不是整数，也不是分数。它是什么数？”引入微课，渗透用有理数逼近无理数的极限思想，引导学生感知无理数的证明过程，确证无理数的存在。

3.1.4 问题驱动式引入

以问题驱动式引入的微课共有5个，分别是《一元二次方程的求根公式》《有理数加法法则的探索》《三角形全等判定定理“SAS”的探索》《圆及相关概念》《圆周角定理证明》。其中《一元二次方程的求根公式》微课直接提出问题“用配方法求$2x^2+4x-1=0$的根的主要步骤是什么”，驱动学生在其认知结构中提取用配方法求一元二次方程的根的基本步骤开启微课；《有理数加法法则的探索》提出问题“如果把两个有理数加在一起，它的符号和绝对值怎么确定？

和加数有什么关系”;《三角形全等判定定理“SAS”的探索》以知识回顾的形式提出“我们知道,两个三角形全等,那么它们的边、角对应相等。是不是判定两个三角形全等,就必须把这两个三角形所有对应边、角都测量一遍吗?这样做是否麻烦了些?能减少条件吗?”驱动学生进入微课;《圆及相关概念》以呈现实物图片来引导观看者初步感知“圆”,并以问题引导学生抽象出“圆”的概念,并进一步探究圆的相关概念;《圆周角定理证明》以3个问题启动微课,激发观看者的探究兴趣,通过分类将“无限型”问题转化为“有限型”问题来研究,使学生体会圆周角定理的数学本质。

3.2 数学微课重难点突破策略

学生走入微课“故事情节”后,教师在微课中突破重难点的设计策略是数学微课设计与制作的灵魂,对学生数学思维能力重难点的把握以及数学核心素养的渗透具有重要意义。通过对微课重难点突破策略做文本特征分析,发现突破微课重难点的策略是问题驱动,渗透数学核心素养的策略是揭示数学思想。

3.2.1 问题驱动突破重难点

问题驱动是微课突破重难点的典型特征,每个微课在向前推动的过程中,均是在关键节点上提出问题驱动重难点的突破,每个问题都有启发与引导学生启动数学思维开展思考的作用,问题之间具有数学逻辑关系和教学逻辑关系,进而通过每个问题的探究逐渐引导学生数学思维突破重难点。例如《等腰三角形“三线合一”性质的探索》微课通过4个问题突破了等腰三角形“三线合一”性质的探索与证明的重难点:

问题1:观察等腰三角形折叠再展开的过程,同学们除上一讲我们发现的重合线段AB与AC,重合角$\angle B$与$\angle C$外,还有哪些与折痕AD有关的重合线段和重合角?

问题2:由问题1发现的重合线段BD与CD,重合的角$\angle BAD$与角$\angle CAD$,$\angle ADB$与$\angle ADC$,想一想折痕AD有哪些性质?它在$\triangle ABC$中充当了什么角色?

问题3:由问题2的结论,你从中发现等腰三角形还有什么性质?说出你的猜想。

问题4:你能证明等腰三角形“三线合一”这个性质吗?下面就让我们共同证明等腰三角形“三线合一”的正确性,思考:

(1) 如何证明三条线段重合呢?你有什么办法呢?

(2) 如果把“三线”中的“一线”作为题设,那么“三线合一”可以分解出哪些命题呢?

(3) 你能选择其中的一个命题证明吗?

从微课提出的4个问题看,教师先通过问题1观察实验演示,引导学生寻找与折痕 AD 有关的重合线段和重合的角,然后通过问题2启发与引导学生探究折痕 AD 有哪些性质,它在 $\triangle ABC$ 中充当了什么角色,再根据问题2探究结论引导学生由特殊到一般提出问题并说出数学猜想,猜想等腰三角形还有什么性质,引导学生证明"三线合一"性质的猜想方法与策略。通过4个有思维导向的启发性问题,驱动学生主动探究,逐步探索、发现并证明等腰三角形"三线合一"性质。

3.2.2 揭示思想渗透核心素养

揭示数学思想是微课渗透核心素养的典型特征,经过比较多个微课展示过程发现,所有微课均没有在展示过程中指出其渗透了哪些数学核心素养。那微课是不是就没有什么数学核心素养呢?不是,而是把数学核心素养蕴含的问题驱动突破重难点过程中,通过揭示数学定义、命题、公式等形成的数学思想予以揭示。依然以《等腰三角形"三线合一"性质的探索》微课为例说明如何通过揭示数学思想渗透数学核心素养,该课属于几何内容的微课,主要培养学生几何直观和数学抽象核心素养。几何直观是微课在引导学生观察实验操作与抽象为几何图形的过程中,通过问题驱动与问题解决中揭示的数学思想培养的;数学抽象则是微课在引导学生从几何图形发现并提出"三线合一"性质的猜想,及其证明过程中逐步培养的。

3.3 数学微课设计策略模型

通过对微课设计策略解构、重构与特征分析发现,微课设计策略主要有两类:一是数学微课引入策略;二是重难点突破策略。数学问题是"骨架",用来撑起这节课的高度,数学思想既是形成"骨架"的成分,又是附着在"骨架"上的"肉",数学思想渗透在整节课中,培养学生数学核心素养。图2刻画了指向核心素养的数学微课设计模型。

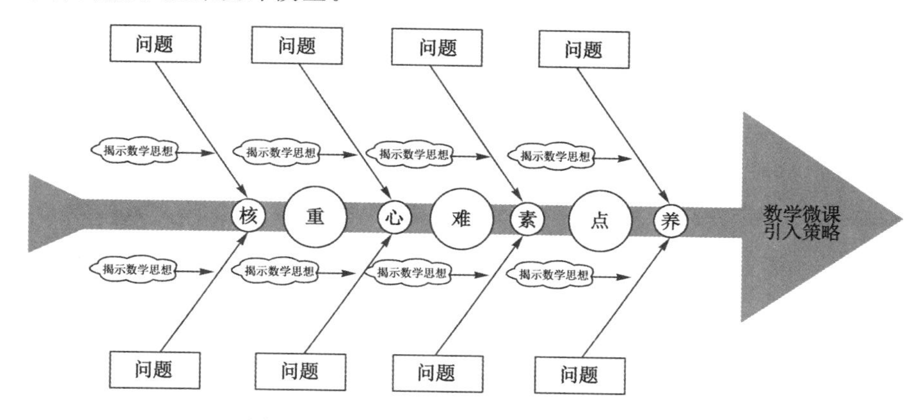

图2 指向核心素养的数学微课设计模型

教学课例研究12:数学微课理解的表象分析及其内容展现的“自我表露法”[①]

《中学数学教学参考》于2015年第1～2期刊登了8篇具有代表性的数学微课课例,《中学数学教学参考》给出了它们的典型特征:围绕某个具体问题的微型课,如《最短路径问题》《动点最值问题》等;课堂中的一个教学片断,如《用配方法解一元二次方程》;把一个课时的内容分为几个环节,每个环节作为一个微型课,如《半角作图法探究》等。作者一直关心数学微课,并思考数学微课与数学教学有何区别,因此特撰文予以分析。以下是作者对这8篇数学微课课例做的多案例研究,刊登在《中学数学教学参考》2015年第7期上,并被中国人民大学复印报刊资料的《初中数学教与学》全文转载。

微课作为翻转课堂实施的前置载体,受到广泛重视,即便在不开展翻转课堂的情况下,微课也能以独立形式存在,所以不少教研团体陆续组织了区域性或者全国性的微课大赛,一些网络学习资源的建设者与投资者也对微课资源的开发重视有加。对于数学学科而言,我们有必要弄清楚“什么是数学微课”“微课的功能有哪些”“数学微课包括哪些关键因素”等,《中学数学教学参考》杂志社特别策划了“微课课例展示与评析活动”,不但刊登了数学微课真实视频和文字实录,还特别让数学微课的作者在微课文本的设计说明中谈了自己对数学微课的认识,这些都为我们正面研究数学微课的现状和反思数学微课的发展方向提供了珍贵资源。

1 数学微课的内涵

目前,数学教师对于数学微课的理解与认识存在一定差异,我们有必要“深扫”数学教师对数学微课的理解与认识,才能对目前数学微课的设计与发展方向有所感知。事实上,8位数学教师对数学微课的理解,就是《中学数学教学参考》以访谈者的身份对8位数学教师作为访谈对象的访谈结果。对访谈结果一般采用质的研究方法,即把8位数学教师对微课的认识与理解“掰开”来看,并予以“打散”、“重组”与“浓缩”(表1),尝试建构目前数学教师对数学微课理解的一般性理解。

---

① 沈威,曹广福.数学微课理解的表象分析及其内容展现的“自我表露法”[J].中学数学教学参考(中旬),2015(7):36-38.

表 1　数学教师对数学微课的认识

微课序号	微课课题	微课作者对数学微课的认识
1	《最短路径问题》	微课就是微型课，要求短小精悍，只解决一个或两个问题，包含操作的演示视频和讲解的配音，时长限制在 10 分钟以内
2	《以退为进巧记数》	微课是教师以简短的流媒体形式通过精心设计，将少数的知识点或技能传授给学生的一种教学形式，具有便捷性、可重复性、直接性、高效性的特点
3	《"边边角"能够证明三角形全等吗？》	微课是指按照《义务教育数学课程标准(2011 版)》及教学实验的要求，以视频为载体，记录教师在课堂内外教育教学过程中，围绕某个知识点(重点、难点、疑点)或教学环节而展开的精彩的教与学的全过程，具有形式"微"、内容"精"、整体"妙"等特点
4	《利用"模式识别"巧解题》	微课是一种微型课程，是一种学习资源。作为课程，它包括微设计、微课件、微练习、微视频、微反思等部分，其中微视频是微课的核心资源。微课的特点是短、小、精，通过浓缩的设计，让学生掌握一个核心知识点、难点或疑点，并在数学思想方法上所有提升
5	《动点最值问题》	微课是以短小精悍的视频为主要呈现方式，围绕某个课题或学科知识点进行的知识讲解、例题习题、疑难问题、实验操作等教学过程及相关资源的有机结合体。微课的核心资源是微教学视频，同时包括相关的教学设计、教学课件、练习测试题、教学反思等内容
6	《格点多边形的面积》	微课是让教师在 10 分钟内将精华知识点讲解透彻并录制成视频，而视频的应用有很多种：教师课上带领学生一起看，对学生有疑惑的部分适时答疑；供学生回家巩固知识；实施远程教学等
7	《用配方法解一元二次方程》	微课，顾名思义就是微型的、浓缩的课。它的基本载体是微型视频，主要围绕一个核心概念或立足一项基本技能而展开。因此，微课除了微型教学视频之外，还包含与微型教学视频相匹配的作业设计以及评价反馈环节。综上，作者理解的微课其实就是一个为微视频为核心的微型教学资源包
8	《半角作图法探究》	微课是微型教学视频的简称，时长一般在 10 分钟以内。微课具有小而精、独立、完整等特点。难度较高的综合题的完整讲解不符合微课"小而精"的特点，不适合作为微课选题

从 8 位数学教师对数学微课的理解并结合《中学数学教学参考》网上的微课视频看，他们共识主要表现在五个方面：一是数学微课的载体是视频；二是观看视频的主体是学生；三是数学微课的时长一般控制在 6～10 分钟；四是数学微课的内容要"精"，即要满足微课内容是重点、难点、疑点、具有一定的独立性等特征，能在 6～10 分钟阐述清楚的内容；五是数学微课通过互联网提供给学生。而 8 位数学教师对数学微课理解的差异主要表现在数学微课的形式上，一

部分数学教师认为数学微课就是微型课、浓缩的课，即在满足前面五个共识的前提下，教师还以正常上课的形式与过程呈现出来，课例1、2、3、6、7、8的作者就持这种观点；另外一部分数学教师认为数学微课是一种课程，虽然视频是其核心资源，但是数学微课还包括微设计、微课件、微练习、微反思等，课例4、5的作者持这种观点。持不同观点的教师在处理微课时的出发点及对微课准备不同，由此带来的效果也有差异。

可以看出，8位教师对数学微课的理解主要是从表现形式的角度阐述，虽在数学微课的理解中涉及了数学，但没有从数学学科和数学学科的教育性等视角做出精辟的分析，没有对数学微课的功能与作用做出深入的阐释，与其他学科背景下微课理解差异不大。这也反映出虽然国内数学微课的各级各层次活动火爆，但由于微课产生与引入国内的时间较短，大家也都是在“摸着石头过河”。目前，还有许多问题需要实践与理论研究共同努力做出回答，例如，数学微课是一种浓缩课还是一种课程？数学微课的形式是否与其他学科的微课有差别？数学微课如何体现数学学科的教育功能？数学微课是否有与正常上数学课不同而特有的方法？数学微课适合哪些具体的数学内容等？这些问题需要长时间的深入实践和理论探索才能够逐步回答出来。

2 数学微课的两难境地

目前，微课的支持者认为学生在课前观看微课可以预习所学知识，观看与解题类有关的微课可以获得解题技巧，观看与拓展类有关的微课可以拓展数学视野等。但数学微课存在着如下一些难以解决的问题：同一个班的不同的学生在观看同一个教师的微课时，如何保证所有学生或大部分学生都能够理解并掌握微课中的数学知识、数学方法与数学思想；如果学生在观看微课期间遇到不能理解的数学知识、数学方法与数学思想，学生也无法即时向教师寻求帮助或与同学合作探究，在没有教师帮助或无同学参与合作探究的前提下，学生何以能继续有效观看微课；学生在观看微课期间，教师无法与学生互动，必然无法通过互动了解和把握学生观看微课的效果等。这样一来，数学微课就陷入了两难的境地。这些两难境地反映出制作数学微课的教师对信息技术、学生的数学认知与经验、数学知识及其蕴含的数学思想等把握不到位，依然沿用数学课堂教学的方式，这些教学方式的前提是教学能够观察到学生听课或探究的真实情况。而对于观看数学微课的学生，教师无法即时观察他们观看数学微课的真实情况，也就无法给学生提供适时的帮助。也就是说，录制数学微课不是以微课作为新的包装形式，把原本对学生的数学认知与经验、数学知识及其蕴含的数学思想等装进去，就能够有新的质的飞跃。而是对录制数学微课的教师提出了更高的要求，需要教师对信息技术、学生的数学认知与经验、数学知识及其蕴含的数学思想等有更深层次的把握。

可以看出，数学微课真正的难处表现在两个方面：难处之一是教师与学生无法互动；难处之二是教师沿用数学课堂教学的方式，使学生在已有的教学方式下显得无助。对于难处之一，教师与学生无法互动是现实，与其将这个作为数学微课的难处之一，不如将其看成是数学微课的特征之一，即学生是数学微课的“观众”，而不是教学过程的“演员”。基于学生是“观众”而不是“演员”的视角，就要求数学微课要具有学生作为“观众”的特征，即数学微课要具有电影或电视剧的故事性、情节性与情境性，以其特有的故事性、情节性与情境性吸引学生的智力参与，以学生智力的持续投入参与数学微课内容的展现过程。对于数学微课的难处之二，数学课堂教学的讲授式与启发式的确难以适应数学微课内容展现的需要，讲授式教学是教师以第三人称的方式讲解客观的数学知识，把数学知识、解题思路、解题技巧等介绍给学生，在此过程中，教师观察并根据学生的接受情况，调整讲授内容，对于学生而言，学生接受的是客观存在的知识，难有自己的体验融入其中，容易感到枯燥乏味；对于启发式教学方式，在数学微课内容的展现过程中，具有启发特征的问题虽然是教师提出来的，但是提问的对象是学生，而学生又不在教师的面前，造成在学生未必能领会教师所提问题的情况下，教师自己回答的“畸形”状态，必然形成数学微课的难处。

3 数学微课内容展现的“自我表露法”

从目前数学微课的两难境地来看，有必要以数学微课的特有形式形成具有数学微课特征的数学内容展现方法。由此，我们提出以“自我表露法”作为数学微课特有的内容展现方法。

“自我表露(self-disclosure)”由朱拉德(Jourard)提出，在他的著作《透明的自我》一书中，朱拉德将“自我表露”界定为：告诉另外一个人关于自己的信息，真诚地与他人分享自己个人的、秘密的想法与感觉的过程[1-3]。目前，“自我表露”是社会心理学、临床咨询和治疗的重要概念之一。我们把“自我表露”的方式引入教学并被这种教学方法为“自我表露法”，“自我表露法”的引入对于数学教学方法的补充和完善，特别对于数学微课内容的展现方式具有重要意义。我们把“自我表露法”教学方式界定为“教师以知识生成者的第一人称身份，向学生分享把要教学的知识转化为自己建构并融入其理解该知识过程的教学方法”。

“自我表露法”看似是一种新的教学方法，其实不然。“自我表露法”早已存在于数学教学的过程中，只是数学教育实践者和研究者没有对其进行概念化的表述而已。例如，在数学教学过程中，教师经常提问学生“对于这个问题，你是怎么想的？”“你的思路是什么？”“你的感受是什么？”“你有哪些收获？”“请把你的研究过程介绍给大家”“你获得了哪些结论?”“你有什么异议?”“你有不同的理解吗?”“你能对刚才探究的问题下一个结论吗?”等,这些问题都是教师在引导学生把自己的所思、所想、所获等与教师和同学分享,而学生对上述这些问题回答的过程就是学生“自我表露”的过程。著名数学家、数学教育家波利亚(George Polya)的诸多著作中都有许多他自己向读者展示其解题过程的所思、所想、所获,这些过程都是波利亚的自我表露过程,他向读者分享自己的解题过程,通过这个过程,使读者认识到解题并不是一帆风顺的,而是充满着奇妙的探索过程。这些解题过程所形成的经验便会潜移默化为读者的解题经验,这个过程要比把解题过程或解题步骤告诉读者重要得多,这也是波利亚的著作风靡全球的主要原因之一。

可惜的是,我们在数学课堂教学观察中,主要看到的是教师引导学生进行自我表露,却鲜有教师自己的自我表露过程,很少看到教师在教学过程中说“我的想法是”“我是这么想的”等等,而是把解题思路或解题步骤告诉学生,特别是在新授课中,更难以见到教师以知识生成者的第一人称身份向学生分享其建构知识的过程。我们一直强调学生是知识的生成者或建构者,但是我们却在教育过程中常常忘记“身教重于言教”的至理名言,一个没有知识生成经验的教师,没有向学生展示过知识是如何生成或建构的过程,只是把知识作为已成的某种产品“搬运”给学生,何以能把学生培养成为知识的生成者或建构者?特别是在当前数学微课内容的展示形式上,很难看到教师以知识建构者的第一人称的身份向学生展示数学知识发生发展的关键过程,向学生分享数学问题获得解决的教师自己的思路与解题经验等。

我们提出“自我表露法”的主要目的有三个:一是已有的数学教育研究文献和数学教学过程存在大量的自我表露过程,且该过程对数学教学具有重要意义,但至今没有获得其应有的“名分”,我们把这个过程称为“自我表露”过程,把这个教学方法称为“自我表露法”。我们对这个教学方法进行定义,不只是给这个教学方法以“名分”,而是要凸显该教学方法的重要性,以引起数学教育实践者和研究者的足够重视。二是希望“自我表露法”的提出能够倒逼教师以知识建构者的身份重新审视自己所教的数学内容,研究数学知识产生发展的关键过程,反思解决数学问题过程中的所思、所想和所获,分析学生学习该内容的学习心理,探究如何以学生便于理解的话语表述等,以便于更好地向学生进行自我表露。事实上,这个过程就是促进教师专业发展的过程,是促进教师自我数学学科教学知识(mathematic pedagogical content knowledge,MPCK)发展的过程。三是针对目前数学微课内容的展示形式,我们希望教师能以知识生成者、问题解决者的第一人称身份向学生分享问题是如何提出的,知识是如何生成的，知识的生成经历了哪些关键过程，遇到了哪些困难，做出了哪些判断，用到了哪些已有的知识，用到了哪些数学方法，数学问题是如何确定的，研究对象是如何建构的，研究方法是如何寻找的，猜想是如何提出并获得验证的，数学概念是如何定义的等等，并在此过程中融入教师建构知识与解决问题的真实情感。

若数学微课内容以教师"自我表露"过程进行展现，这就是一个充满故事情节的过程，学生作为"观众"观看教师充满故事情节的自我表露过程，真实地体验教师是如何一步一步建构知识与解决问题的。虽然学生是以"观众"的身份观看微课视频，但学生的注意指向和智力投入则是以"参与者"身份跟随教师重蹈数学知识发展与问题解决的关键性步子，这不但能够使得学生获得教师建构知识与解决问题的替代性经验，并与教师建构知识与解决问题的真实情感产生"共情"，加深学生对该过程的真实体验，并激发与助推学生的思考热情，超越并扩充自己原有视域，获得比教师"自我表露"更多的知识和经验，从而为平凡通向非凡提供途径。由此可见，教师"自我表露"过程同样具备启发学生思维的特征。

综上分析可知，"自我表露法"应该是破除目前数学微课面临两难境地的方向之一。

参考文献

[1] JOURARD S M, LASAKOW P. Some factors in self-disclosure[J]. Journal of abnormal and social psychology, 1958(56): 91-98.

[2] JOURARD S M. The transparent self[M]. 2nd ed. New York: D. Van Nostrand, 1971.

[3] 刘增雅，李林英. SSCI 中自我表露研究的计量分析[J]. 心理科学进展，2007，15(3): 476-481.

教学课例研究13:问题驱动与思想挖掘:“可积条件”教学示范课的个案研究①

这篇文章是对一位首届国家级教学名师奖获得者C教授来惠州学院数学与统计学院开展教学示范课的研究,属于数学教学课例研究的单案例研究,刊登在《数学教育学报》2021年第2期上。

摘　要:新时代需要一支高素质、专业化、创新型的数学教师队伍,重视数学师范生数学专业课程教学的实践与研究是教师专业发展的重要支撑。研究以面向数学师范生教授的“可积条件”教学示范课为个案,采用质的研究方法探究其教学特征,发现问题驱动课堂教学与突出数学思想性是该教学示范课的教学特征。

关键词:问题驱动;数学思想;数学素养;师范生

1　背景、问题与方法

1.1　背景

百年大计,教育为本;教育大计,教师为本。为此,中共中央、国务院印发了《中共中央　国务院关于全面深化新时代教师队伍建设改革的意见》[1],中华人民共和国教育部印发了《中华人民共和国教育部关于实施卓越教师培养计划2.0的意见》[2],体现国家深刻认识到教师队伍建设的重要意义,要求大力振兴教师教育,不断提升教师专业素质能力。《普通高中数学课程标准(2017年版)》坚持“立德树人”的根本任务,把培养学生数学核心素养作为培养目标的核心,并要求以发展学生数学核心素养为导向,制定教学内容和评价标准、编制教材等。受此指导和影响,在中小学阶段开展基于数学核心素养的有关理论研究、教材编写、评价标准研制和教学实践等成为当下热点。培养中小学学生数学核心素养需要一支高素质、专业化、创新型的数学教师队伍,数学师范生作为数学教师的后备力量,处于系统地接受高等教育培养阶段,在发展数学知识、数学思想、数学素养、数学眼界等方面具有天然的师资、时间、年龄、精力等优势,因此加强师范生培养的有关研究与实践具有重要现实意义。

目前,数学师范生的相关研究主要表现为3大主题:① 数学师范生教学信

---

① 沈威.问题驱动与思想挖掘:“可积条件”教学示范课的个案研究[J].数学教育学报,2021,30(2):38-41.

念研究[3-5];② 数学师范生教学知识、教学技能研究[6-11];③ 数学师范生专业素养研究[12-14]。数学师范生的相关研究主要是问卷与访谈的调查研究或思辨研究,虽然数学师范生学了大量数学专业课,例如高等代数、数学分析、概率论与数理统计、实变函数、常微分方程等,但鲜有对如何在数学专业课程上培养师范生相关知识、能力、思想、眼界等方面开展行动实践与研究。鉴于数学专业课程对数学系学生的重要意义,有必要对数学专业课程的教学开展研究与实践。

1.2 研究问题

为响应国家对新时代教师队伍建设的重视,提升数学专业课程对数学系学生的培养价值,华南地区H高校数学与大数据学院特邀首届国家级教学名师奖获得者C教授为数学专业课程教师开展教学示范课,教学对象是H高校数学系本科一年级学生,使用的教材是华东师范大学出版社出版的第四版《数学分析》,教学内容是"可积条件"。由于跨校上课和师生课程时间安排等原因,在教学示范课的前2周,已经按照课程教学计划完成"可积条件"的教学,因此,C教授把该教学示范课定位为对已学知识的反思课。本研究把"可积条件"教学示范课作为研究对象,主要研究问题是:"可积条件"的意义、价值与教育性是什么?教师如何揭示研究与学习"可积条件"的真实原因?教师如何引导师范生挖掘"可积条件"的深刻思想内涵与科学意义?

1.3 研究方法与过程

从研究问题可以看出,研究包含了对"可积条件"内容及其蕴含的数学思想的理解,画出"可积条件"教学过程路线图,对"可积条件"教学过程中所提问题、师生互动等进行宏观把握,并做意义阐释和解释性理解,对教学过程做深刻描述与诠释,归纳"可积条件"教学过程表现的教学特征等,属于自下而上的建构过程,决定了要采用质的研究方法开展本研究。

研究首先征得有关单位和C教授的同意后进入教学现场并录制视频,把"可积条件"的教学视频转录为文字誊录稿,结合《数学分析》教材、文献和教学过程的文字誊录稿,研究分析"可积条件"的知识关系及其蕴含的数学思想,为研究"可积条件"教学案例提供直接基础,而后对"可积条件"教学过程做特征分析和模型建构。因此,本研究是一个循环往复的动态过程,是在研读教学誊录稿、查阅文献、编码、特征分析、模型建构的过程中来回穿梭,螺旋式前进,抽象与概括,并理论化的过程。

2 "可积条件"的数学思想与教育性

2.1 "可积条件"的数学思想

"可积条件"是定积分概念的后续内容,安排在定积分概念和牛顿-莱布尼茨公式之后学习。定积分是因解决变力做功、旋转曲面面积、曲线弧长、旋转体体积等问题的需要而产生的，与数列极限和函数极限的本质相同，即定积分的代数和式与某一定数的距离能变得并保持任意小，体现了定积分蕴含的极限思想；此外，定积分又是一种特殊极限，是解决求总和问题的数学模型，把定义域通过无限细分化整为零，并把每个细分相加，得到总量的近似值，取极限后，得到总量的精确值，蕴含着整体与局部、近似与精确的辩证法思想。

17 世纪，牛顿与莱布尼茨提出的微积分基本定理揭示了微分与积分的内在关系，使得数学从常量数学发展到变量数学。当把定积分作为新概念和解决问题的新工具时，首先要从逻辑学的角度研究定积分的内涵与外延分别是什么，而后再从实用角度开展研究。即判断哪些函数可以求定积分，哪些函数不能求定积分，换句话说，可积函数应该满足什么必要条件？满足什么条件的函数才可积？即可积函数的必要条件是什么？充要条件是什么？在满足充要条件的前提下，还需要深入研究函数可积的充分条件是什么？这是驱动研究与学习“可积条件”内容的本原性问题，由此得到了函数可积的必要条件、充要条件和充分条件。在《数学分析》教材中，它们分别是：

函数可积的必要条件（定理 9.2）：若函数 f 在 $[a,b]$ 上可积，则 f 在 $[a,b]$ 上必有界；

函数可积的充要条件（定理 9.3）：任给 $\varepsilon>0$，总存在相应的一个分割 T，使得 $S(T)-s(T)<\varepsilon$；

函数可积的充分条件（定理 9.4～定理 9.6）：若 f 为 $[a,b]$ 上的连续函数，则 f 在 $[a,b]$ 上可积；若 f 是区间 $[a,b]$ 上只有有限个间断点的有界函数，则 f 在 $[a,b]$ 上可积；若 f 是 $[a,b]$ 上的单调函数，则 f 在 $[a,b]$ 上可积。

2.2 “可积条件”的教育性

“可积条件”内容蕴含的丰富数学思想决定了其较强的教育性，主要表现在培养学生反思能力、探索能力与创新能力等三个方面。

(1)“可积条件”为培养学生反思能力提供充分内容。例如，本原性问题“函数应该满足什么条件才可积”驱动学生返回到定积分定义中思考，把定积分相关内容与该问题有机结合，从多个维度研究解决问题需要建构的数学定义、公式与定理等，充分运用反身联想、反身观察、反身质疑、反身归纳、反身概括和反身抽象等多种反思性思维操作，逐渐获得函数可积的必要条件（定理 9.2）、充要条件（定理 9.3）与充分条件（定理 9.4～定理 9.6）。

(2)“可积条件”的问题解决为培养学生探索性能力提供过程。学生数学学习过程是数学知识的“再创造”过程，要经历发现问题、提出假设、验证猜想的阶段，这些阶段既相对独立又相互渗透，充满了不确定性，表现出学生数学思维的探索性特征。例如，学生探究“可积条件”本原性问题时，要根据自己的经验和知识，运用观察、想象、直觉、类比、归纳、验证和反驳等思维动作，对处理的内容做多重信息整合，经历合情推理过程，寻求一种可能性的结论。学生经历解决“可积条件”本原性问题的探索性过程，得到了探索性经验与体验，并将之深植于他们的数学认知结构并形成相应的图式结构，为以后解决数学问题提供能有效迁移的探索性思维能力。

(3)“可积条件”为培养学生创新能力提供机会。当学生根据“可积条件”本原性问题来运用反思性思维操作，并经历问题解决的探索性的过程而创造性地建构“可积条件”的相关定理时，他们“再创造”的这些新定理都凝聚着创造性劳动，表现出勇于创造的精神。学生只有经历“再创造”的过程，主动建构相关定理，揭示定理之间的关系结构，才能使这些定理及其关系结构在他们的数学认知结构中真正生成，与他们的数学认知结构中原有知识建立非人为本质性的联系，也唯有如此，学生才能真正理解与掌握“可积条件”。

3 研究发现

教学过程路线图能从宏观角度直观地展示教学过程中的教学环节、问题结构、互动关系等，能使研究者透过复杂的教学过程，提纲挈领地把握教学过程的“骨架”，理解“骨架”与教学细节之间的关系与意义。“可积条件”教学过程路线图如图 1 所示。

3.1 以问题驱动为中心的教学结构

从“可积条件”教学过程路线图看，整个教学过程分为三个环节：第一环节是教师引导学生提出的问题；第二环节是教师引导学生探究学生所提问题；第三环节是教师引导学生探究教师提出的预设问题。三个环节均围绕“问题”展开，既有学生提出的问题，也有教师提出的问题，且教师引导学生提出问题在先，教师提出问题在后，体现出教师对学生学情和教学设计本质有充分的认识，如果教师提出问题在先，把有价值、有意义的问题提完了，学生就不再去思考能提出什么问题，以及如何提出有价值的问题，这无益于培养学生提出问题的意识和能力。

先由学生运用已有数学知识和思想方法不断尝试提出问题，再由教师把学生尚未提出的高质量问题提出来，既是对学生提出问题的有效补充，向学生展示还能如何提出更加全面和高质量的问题，也可引导学生探究问题蕴含的数学思想方法。前两个环节把时间和机会充分交给学生，让其充分发挥，属于弹性教学设计；第三个环节是教师提出预设问题，属于刚性教学设计，确保在学生无法提出有效问题的情况下，还能使其在问题的驱动下开展数学学习。从教师提出的 7 个问题看，第 1 个问题是导向研究与学习“可积条件”的宏观本原性问

教师引导学生提出问题	教师：在学完"可积条件"几个重要定理之后，有什么想法、感悟、疑问、困惑？或者从中发现一些什么问题？请提出来，可以同学之间相互回答或者我来回答。
	问题1：针对定理9.2，若函数 f 在 $[a,b]$ 上可积，则 f 在 $[a,b]$ 上必有界，若这个区间里面有可去间断点，根据可去间断点的定义，这个可去间断点是函数无定义，函数在区间上某点 x_0 无定义，那在那个短暂的区间内没有定义的话，它是不是不能算有界？即函数在区间上有间断点，这个函数算不算是有界的？
	问题2：针对定理9.2，若函数 f 在 $[a,b]$ 上可积，则 f 在 $[a,b]$ 上必有界，可是被积函数 f 在点 a 近旁是无界的话，点 a 就看作函数 f 的瑕点，无界函数的反常积分就是瑕积分，它们之间是什么关系？
	问题3：在定理9.2的证明当中，用的是反证法，用反证法时要往哪方面去想？证明的技巧是如何想到的？
	问题4：我们学过的很多定理是可以弱化的，如何判断定理是达到最弱化的情况？还是没有最弱化，只有更弱化？
	问题5：针对定理9.5，若 f 是区间 $[a,b]$ 上只有有限个间断点的有界函数，则 f 在 $[a,b]$ 上可积。如果这个函数有无限个间断点的话，f 在 $[a,b]$ 上可积还是不可积呢？
教师引导学生探究学生所提的问题	教师引导学生从定积分和瑕积分定义的差异性合并解决问题1和问题2。
	教师从反证法角度引导学生认识如何构造函数无界的数学语言"$M>0, x_M, \|f(x_M)\|\geqslant M$"中的 M 的技巧并进行证明，解决问题3。
	教师从数学方法论的角度引导学生认识到问题4何以是个好问题，并指出问题4与康托尔创立集合论之间的关系。
	教师引导学生认识到问题5很复杂，学完"数学分析"都解决不了，要学到"实变函数"才能解决。
师生逐个解决教师提出的预设问题	问题1：为什么要讨论函数的可积性？ 问题2：在可积条件中，为什么首先想到了被积函数的有界性？ 问题3：可积函数的有界性证明中最关键的思路是什么？ 问题4：从狄利克雷函数可以看出，有界函数未必可积，其内在根源是什么？ 问题5：可积函数可以有多少间断点？ 问题6：闭区间上的有界函数如果仅有有限个间断点，它一定可积吗？证明这个结果的基本思想是什么？ 问题7：闭区间上有界函数如果有无限个间断点，这个函数有没有可能可积？

图1 "可积条件"教学过程路线图

题，在此基础上不断地演进与细化出后面6个问题，引导学生认识与体验"可积条件"教材内容背后的"活"的思考过程。可见，"可积条件"教学过程表现出以问题驱动为中心的教学结构。

3.2 以揭示数学探索性特征为重点的教学导向

教师引导学生提出问题、教师自己提出问题、师生共同解决问题是对“可积条件”新内容由“不知”到“知”的科学研究过程，也是发明与发现的创造性过程。教师引导学生根据已有知识创造性地分析与研究“定积分”的相关概念、性质及其变中不变的性质等，从中提出促使“可积条件”相关定义、性质、定理等产生的本原性问题，这是以问题为载体引导学生经历数学探索性的过程，揭示了数学的探索性特征。

爱因斯坦曾指出“提出一个问题，比解决一个问题更重要”[15]，哈尔莫斯曾说“问题是数学的心脏”[16]，中国学生不善于提出问题是众所周知的现象[17]，因此，教师引导学生提出5个问题就意义非凡，需要学生既把握自己认知结构中已有的知识和思想方法，还要有效运用数学直觉、数学想象、数学思想方法、思维动作等多方面因素，经过分析与综合、聚焦与发散等思维过程，形成新的数学问题。学生提出的部分问题的质量非常高，例如问题3“在定理9.2的证明当中，用的是反证法，用反证法时要往哪方面去想？证明的技巧是如何想到的？”，问题5“针对定理9.5，若f是区间$[a,b]$上只有有限个间断点的有界函数，则f在$[a,b]$上可积。如果这个函数有无限个间断点的话，f在$[a,b]$上可积还是不可积呢？”提出问题3需要学生不仅对定理9.2的证明过程有本质的把握，还需要思考反证法的一般性以及证明技巧的特殊性，问题5则是导致实变函数产生的本原性问题。

教师提出的7个问题也意义非凡，中国学生不善于提出问题与教师在课堂教学上不提出问题直接相关，或者说教师在课堂教学中不提出问题是导致中国学生不善于提出问题的直接原因之一。教师提出的7个问题揭示了为何要研究与学习“可积条件”，以及在此基础上不断演进研究的思想过程。例如，教师在提出问题2之后，进一步启发引导学生：“连续函数是否可积？连续函数为什么可积？如果不连续，恰当的条件是什么？如何合理地降低函数的连续性要求？不连续就意味着有间断点，如何考察有间断点的函数？合适的观察点是什么？”教师不但为学生揭示了为何要研究与学习“可积条件”、为什么会出现某个概念、为了解决什么问题的思想过程，更向学生展现如何提出有价值、有方向问题的方法论，教学生如何提出问题。这些问题承载的就是数学的探索性特征。

3.3 以挖掘数学思想为焦点的细节阐释

日常教学中经常听到学生反映“老师您讲的我都能听懂，但是我自己就是想不出来，您是如何想到的”，这说明教师没有把解决问题的过程性思想方法教给学生，仅仅告诉学生一个结果而已。在“可积条件”教学示范课中，提出问题之后，是把结果直接告诉学生还是把解决问题的思想通过细节阐释以培养其自主思考能力？通过课堂观察可看出教师选择了后者。从解决问题过程来看，以教师引导学生探究他们提出的问题3为例，分析教师如何挖掘与阐释解决问题的数学思想。教师引导学生认识为何要用反证法证明定理9.2，并把反证法中需要假设的结论设为“f在$[a,b]$上无界”做进一步分析，抓住无界的定义，对其形式转换，用更加具体的数学表达式刻画抽象的“f在$[a,b]$上无界”，同时以问题的形式启发与引导学生体会反证法证明定理9.2的数学思想。

教师引导过程为：有界性的证明用反证法，这个定理证明最关键的地方是哪里？通常来说，要证明是有界的，就假设是无界，那无界的意思该怎么表达呢？对于任意的M，总能找到x使得$|f(x)|>M$，这是无界的定义。但是这个条件在这个定理的证明中到底发挥了什么作用？是如何发挥作用的？是怎么想到反证法的？有没有同学替他回答这个问题？这对平时解题，或者以后大家当老师引导学生去思考都非常重要，我们要学会正确的思考问题的方法。大家要搞清楚这个问题的目标是什么，讲的是这个函数如果可积的话，一定是有界的，要把条件和结论之间通过一系列的逻辑关系串起来，最后也许就找得到为什么想到这个办法了。

在启发与引导学生从宏观上认识用反证法证明定理9.2的意义之后，教师便引导学生从反证法的逻辑起点出发，寻找达到反证法证明定理9.2的路线，并逐步揭示反证法前提和结论之间的逻辑关系，即反证命题，应该证明前提不蕴含结论。教师把反证定理9.2分为四个步骤，先揭示证明的四个步骤，在展示过程中不断总结四个步骤，不断启发与引导学生认识与体验用反证法时要往哪方面去想，证明技巧是如何想到的，揭示蕴含在反证法中的数学思想。

3.4 教学特征模型

对“可积条件”教学过程进行解构、重构与特征分析发现，该教学过程表现出两方面的特征：数学问题驱动和数学思想挖掘。其中数学问题是“骨架”，撑起这节课的高度，数学思想既是形成“骨架”的成分，又是附着在“骨架”上的“肉”，渗透在整节课中，图2刻画了“可积条件”教学特征的模型。

4 结论

通过研究可以看到，教师把教学过程分为三个环节，引导学生围绕“可积条件”是如何产生的、源于什么样的背景、解决了什么样的问题等提出问题，以问题驱动教学，把教学过程当成科研过程，深挖解决问题背后的数学思想并揭示。教师引导学生发现问题以及对问题深入分析与解决，像数学家那样思考，完成数学的“再创造”过程，建立函数可积的必要条件、充要条件和充分条件，通过这个过程培养学生善于观察各种现象并透过这些现象发现有规律性内容的能力，进而培养学生发现问题的洞察力、分析问题的思辨力和解决问题的推演力，也

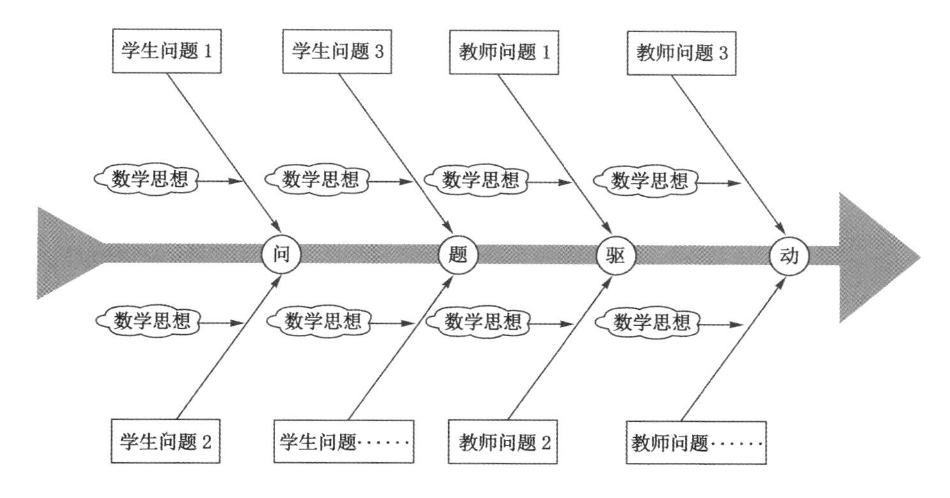

图2 “可积条件”教学特征模型图

就培养了学生的创新能力。

5 讨论

5.1 数学专业课程需要创造性的教学

“可积条件”教学示范课表现出数学教学的创造性，体现了弗赖登塔尔(Hans Freuolonhal)的数学教学“再创造”思想，说明数学专业课可以开展创造性的教学。只有教师创造性地教，才有学生创造性地学；只有教师在教学过程中提出数学知识形成的本原性问题，鼓励与引导学生创造性地提出问题，才能培养学生提出问题的意识与能力；只有在教学过程中渗透与揭示数学思想方法，才能培养学生数学思维能力。换句话说，只有把数学问题驱动与数学思想挖掘有机融合，才能培养学生的数学思维能力，也就是培养学生学会思考的能力。从国家对新时代教师队伍建设的要求来看，培养中小学学生数学核心素养、数学思维能力等，需要师范生具有较高的数学知识、数学思维、数学眼界、数学思想等数学素养，否则，很难想象没有较高数学素养的数学教师能够有效培养中小学的数学核心素养。从这个角度来看，师范生的数学专业课程迫切需要创造性的教学。

5.2 数学专业课具有开展创造性教学的条件

从问题驱动与数学思想挖掘的角度开展创造性教学需要充足时间，而中小学阶段的数学教学受到中考与高考的直接影响，导致部分教师认为没有充足时间开展创造性的教学，或者由于在职数学教师在作为师范生学习期间缺乏足够数学素养的培养，不知如何开展创造性教学。但是，在高校对师范生开展数学专业课程创造性教学是可行的，高校数学教师考核受到数学师范生考试成绩的影响较小，且具备一定的数学研究经验，受到较为专业的数学研究训练，能够从数学研究的高度，把数学教学过程当作科研过程，按照数学知识形成的本来面目，开展数学问题驱动与数学思想渗透，逐步培养师范生的数学素养。

5.3 加强数学专业课程教学研究

目前的数学教育研究主要集中在中小学阶段，关于高校师范生数学专业课程教学的相关研究比较匮乏。从培养中小学生数学核心素养的角度来看，师范生的数学专业课程需要创造性地教，且具备开展创造性教学的条件，因此，加强师范生数学专业课程教学研究就显得迫切了。

参考文献

[1] 中华人民共和国教育部. 中共中央 国务院关于全面深化新时代教师队伍建设改革的意见[EB/OL]. http://www.moe.gov.cn/jyb_xwfb/moe_1946/fj_2018/201801/t20180131_326148.html.

[2] 中华人民共和国教育部. 教育部关于实施卓越教师培养计划 2.0 的意见[EB/OL]. http://www.moe.gov.cn/srcsite/A10/s7011/201810/t20181010_350998.html.

[3] 周仕荣. 从数学学习经历看师范生的教学信念发展[J]. 数学教育学报，2009，18(4)：84-88.

[4] 张晓贵. 对高师数学师范生信念改变的思考[J]. 数学教育学报，2010，19(2)：15-18.

[5] 郭桂容，周仕荣，彭望书，等. 数学系师范生在教育实习中对教师身份的理解[J]. 数学教育学报，2014，23(5)：91-94.

[6] 李渺，梅全雄，王振平. 高师数学专业师范生课堂教学技能的调查研究[J]. 数学教育学报，2009，18(1)：37-40.

[7] 李渺. 数学专业师范生 MPCK 发展“五步曲”[J]. 数学教育学报，2013，22(1)：23-26.

[8] 张锐，毛耀忠，杨敏，等. 数学师范生教学实践性知识的形成和发展研究[J]. 数学教育学报，2016，25(1)：80-83.

[9] 王传利. 数学职前教师细节实践性知识形成的叙事研究：基于第三届广东省师范生教学技能大赛分析[J]. 数学教育学报，2017，26(1)：88-93.

[10] 章勤琼，郑鹏，谭莉. 师范生数学教学知识的实证研究：以温州大学为例[J]. 数学教育学报，2014，23(4)：26-30.

[11] 徐章韬，顾泠沅. 师范生课程与内容的知识之调查研究[J]. 数学教育

学报,2014,23(2):1-5.

[12] 彭光明,熊显萍,王美娜.地方民族师院数学师范生核心素养的培养模式研究:以兴义民族师范学院为例[J].数学教育学报,2017,26(5):99-102.

[13] 杨承根,胡典顺.免费师范生数学专业素质的调查研究[J].数学教育学报,2012,21(1):65-67.

[14] 刘喆,高凌飚,黄淦.数学师范生数学素养现状的调查研究[J].数学教育学报,2012,21(5):23-28.

[15] 孙正聿.哲学修养十五讲[M].北京:北京大学出版社,2004:34.

[16] HALMOS P R,弥静.数学的心脏[J].数学通报,1982(4):27-31.

[17] 涂荣豹.数学教学设计原理的构建:教学生学会思考[M].北京:科学出版社,2018:89.

教学课例研究14:透视设计过程 研讨复习规律①

《中学数学教学参考》策划与刊登了“2012年中考复习课设计示例”,包括“基础复习课设计”、“专题复习课设计”和“综合实践应用课设计”三个方面,其中2012年第1～2期刊登了前14个,开展“2012年中考复习课设计示例大家评”征文活动。作者也比较关心中考复习课该如何设计,因此特撰文予以分析。以下是作者对这14篇中考复习课课例做的多案例研究,刊登在《中学数学教学参考》2012年第6期上。

数学教学设计的目的是帮助学生进行数学学习,同时也是数学教师开展数学教学的基础。数学教学设计基本反映了数学课堂教学过程和数学教师的教学理念与教学信念。教学设计的质量影响学生的数学学习,从宏观、中观与微观视角研究一线优秀教师和教研专家的中考复习课的教学设计,可以洞悉他们对中考复习的认识、对数学本质的认识和对中考数学复习本质的认识,还可以从他们的教学设计中总结教学设计规律和复习规律。

1 俯视设计结构,揭示设计差异

教学设计的结构反映了教学过程的分段状况,不同教师对教学过程的设计隐含其对教学认识的差异。差异有之,共性俱存,比较并研究教学设计结构,找出共性与个性,可为中考复习的教学设计提供宝贵的参考。本文以《中学数学教学参考》2012年第1～2期刊登的14个设计示例为例,尝试比较这些教学设计结构,找出他们之间的共性与个性(见表1,下面所引文献标号为14篇文章的自然排序)。

表1 教学设计结构表1

所在地区	姓名	教学设计的结构				
江苏省南通市	符永平(文1)	易错引“暴”	例题设计	反馈矫正	分层训练	
江苏省南通市	李明生(文2)	易错引“暴”	例题设计	反馈矫正	自主小结	分层训练

① 沈威,李鹏.透视设计过程 研讨复习规律[J].中学数学教学参考(中旬),2012(6):25-28.

表 1(续)

所在地区	姓名	教学设计的结构				
江苏省东台市	李长春（文 3）	复习一元一次方程的定义和解法步骤		解分式方程为何产生增根；解分式方程的一般步骤；解分式方程的易错点		课堂小结；训练题
安徽省芜湖市	吴永刚等（文 4）	例 1	例 2	例 3	例 4	分层训练题
湖北省武汉市	程强等（文 5）	典型例题解析（例 1～例 6）		习题设计		
浙江省上虞区	郦兴江（文 6）	例 1	例 2	例 3	例 4	过关训练题
山东省滨州市	王秀贞等（文 7）	题组引领，唤醒旧知	典例提升，方法凝聚	层级练习		
江苏省常州市	潘建明等（文 8）	温故知新	牛刀小试	例题讲解	能力提升	课堂小结
江苏省南通市	崔萍（文 9）	易错引“暴”	例题设计	反馈矫正	自主小结	分层训练
重庆市	陈开龙（文 10）	复习答问，梳理知识	基础竞赛，增强信心	精讲评析，领会知识	课堂检测，反馈知识	总结反思，提升知识
江苏省连云港市	宋彦波等（文 11）	例 1 与训练题	例 2 与训练题	例 3 与训练题	例 4 与训练题	
浙江省绍兴市	余旭红（文 2）	点与圆的位置关系（例 1）	直线与圆的位置关系（例 2、例 3 与训练题）		圆与圆的位置关系（例 4、例 5 与训练题）	
江苏省南通市	高莺（文 13）	易错引“暴”	例题设计	反馈矫正	自主小结	分层训练
江苏省无锡市	章晓东等（文 14）	预学尝试	互动反馈	总结提高	训练巩固	

从表 1 中容易看出，江苏省南通市四位教师在教学设计结构上基本一致，这种高度的一致性是因为他们都来自江苏省南通市中青年名师工作室符永平工作室。可见，这种教学设计的结构应该是工作室经研究讨论后定下的，并且把这种结构作为教学设计的基本结构，应用在不同类型的数学教学设计中（该设计结构分别应用在“基础复习课设计”和“专题复习课设计”中）。可见，名师工作室的创建的确为中青年教师进行教学研讨提供了有效的平台。

再仔细比较这14篇教学设计结构，除了江苏省南通市四位教师的教学设计结构相同之外，其他10位教师的教学设计结构都存在差异，但可以发现其中部分教学设计结构具有相似性，作者循着这些相似性，尝试把14篇教学设计结构重新整理，以期找出其中的共性（表2）。

表2　教学设计结构表2

所在地区	姓名	教学设计的结构				
江苏省南通市	符永平（文1）	易错引“暴”	例题设计	反馈矫正	分层训练	
江苏省南通市	李明生（文2）	易错引“暴”	例题设计	反馈矫正	自主小结	分层训练
江苏省南通市	崔萍（文9）	易错引“暴”	例题设计	反馈矫正	自主小结	分层训练
江苏省南通市	高莺（文13）	易错引“暴”	例题设计	反馈矫正	自主小结	分层训练
江苏省东台市	李长春（文3）	复习一元一次方程的定义和解法步骤		解分式方程为何产生增根；解分式方程的一般步骤；解分式方程的易错点		课堂小结训练题
浙江省绍兴市	余旭红（文12）	点与圆的位置关系（例1）	直线与圆的位置关系（例2、例3与训练题）		圆与圆的位置关系（例4、例5与训练题）	
安徽省芜湖市	吴永刚等（文4）	例1	例2	例3	例4	分层训练题
湖北省武汉市	程强等（文5）	典型例题解析（例1～例6）	习题设计			
浙江省上虞区	郦兴江（文6）	例1	例2	例3	例4	过关训练题
江苏省连云港市	宋彦波等（文11）	例1与训练题	例2与训练题	例3与训练题	例4与训练题	
山东省滨州市	王秀贞等（文7）	题组引领，唤醒旧知	典例提升，方法凝聚	层级练习		
江苏省常州市	潘建明等（文8）	温故知新	牛刀小试	例题讲解	能力提升	课堂小结
重庆市	陈开龙（文10）	复习答问，梳理知识	基础竞赛，增强信心	精讲评析，领会知识	课堂检测，反馈知识	总结反思，提升知识
江苏省无锡市	章晓东等（文14）	预学尝试	互动反馈	总结提高	训练巩固	

重组后的表格展现了部分教学设计结构的相似性，也就是说这 14 篇教学设计可以分为 4 种类型。类型 1 是文 1、文 2、文 9 和文 13 所表现的教学设计结构模式，并且这种结构组成已经被理论化和程式化：易错引“暴”、例题设计、反馈矫正、自主小结和分层训练；类型 2 是文 3 和文 12 的教学设计结构，是按照教学内容而分段形成的，并且各段之间相对独立；类型 3 是文 4、文 5、文 6 和文 11 的教学设计结构，这种结构以多个例题示范的形式组织复习，每个例题代表了该知识点命题的题型，而且这些例题基本代表了该知识点命题的可能方向，学生通过掌握例题的解法从而解该知识点的相关试题；类型 4 是文 7、文 8、文 10 和文 14 的教学设计结构，通过解一些简单问题，让学生回忆并整理储存在其数学认知结构中的知识结构，使得数学认知结构中知识点之间的联系增强并进一步活化，随后加大例题的复杂程度和难度，后面的过程和类型 3 基本相似。

2　比较教学细节，探讨设计价值

宏观结构的不同决定了各结构教学细节的差异，不同的教学细节直接决定了不同的教学效果。比较不同类型的教学设计结构的教学细节，可以揭示并准确把握各类教学设计结构的优点。

教学设计结构类型 1：“易错引‘暴’”阶段通过简单而又容易引起混淆的概念的变式题考查学生对相关概念本质的把握程度，并以具体问题为抽象的数学概念提供有力的抽象基础来复习相关概念，以完善学生的数学知识结构，为进一步深化知识的应用奠定坚实的知识基础；“例题设计”阶段通过全面而逐渐复杂化的问题为全体学生提供解题样例，既能让所有学生都经历由简单到复杂的复习过程，还能使所有学生在“最近发展区”获得最大的发展；“反馈矫正”阶段是对学生基础知识及其应用的进一步补充，与“易错引‘暴’”阶段相似，但题目难度变大；“自主小结”阶段是在前三个阶段基础上的进一步升华，学生自主总结知识之间的关系，使相关知识点在其认知结构中尽可能多地建立非人为的、实质性的联系；“分层训练”是针对不同基础的学生制定的课外作业，通过课外作业查漏补缺。

教学设计结构类型 2 按照不同知识内容分开复习，复习完一个内容之后再复习另一个内容，各部分知识之间相对独立。其中例题大都选自教材中的题目和中考题，以“题组”的形式呈现，为学生的学习起到样例作用。这种教学设计结构的特点主要体现在“题组”上，以“题组”促进学生对基础知识的系统把握，以“题组”强化学生的解题思维模式。

教学设计结构类型 3 以专题的形式按照知识体系的整体结构进行复习，这种教学设计结构保持了知识及其应用的一脉相承性，主要体现在学生解题能力的拓展上。每个复习专题的内部,同样是以“题组”的形式呈现,但是本类型“题组”中题目的难度大于类型 1 和类型 2 中题目的难度。这个难度源于两个方面:一是知识应用类的问题难度大于概念性问题的难度;二是这些专题涉及的知识点之间的关系复杂,蕴涵的数学思想方法丰富,客观上需要学生具备一定的数学思维广度和深度,才能把握这类数学知识的本质。

教学设计结构类型 4 的特点与新授课类似,首先复习旧知,主要的途径为直接复述概念或解概念性的问题,例如文 7 是先以概念性的题组形式复习二次函数的相关性质,文 10 则通过多媒体直接展示梯形的概念、性质、判定方法和解题方法。随后是“中考题组”攻略的例题精析,细致分析讲解本内容涉及的中考题,以期对学生的中考复习起到导向作用。在中考例题之后是“总结反思”,总结例题所涉及的相关概念、性质以及解题思想,促进学生建构解题知识块,以后解题需要用到此类知识时,学生则可很容易地从认知结构中提取相关解题知识块,使问题迎刃而解。

3　研析设计共性,彰显数学本质

对 4 种教学设计结构进行分析能够揭示其中的基本共性,主要包括复习相关概念、样例教学、阶段总结和分层作业 4 个基本部分。

复习相关概念主要有 3 种策略:一是直接展示或提问相关内容的定义、性质与定理等;二是通过概念性的问题间接考查学生对相关概念本质的理解程度;三是通过改变概念的非本质属性,保留概念本质属性的变式题考查学生对概念本质的把握。相比之下,第二种策略比第一种策略略胜一筹,原因在于学生能背诵相关概念却未必能把握其本质并解决问题,仅靠展示或提问,也考查不出学生对哪些数学内容理解不到位。如果学生能解出概念性的问题,说明学生基本把握了相关概念的本质,如果学生解不出来,也能反映出他们对概念的哪些内容不理解。用问题考查学生掌握概念的情况虽好,但切忌用偏、难、怪的问题考查学生,考查学生的问题一定要是基础性的、概念性的问题。第三种策略能使学生较快地把握概念的本质属性,但是针对所有概念编制变式题的难度较大,对编题者要求较高。

样例教学是复习课必不可少的教学过程,通常需要占用一节课的大部分时间,直接决定整节复习课的效果。因此,例题的选取和教学策略的优化显得至关重要。从 14 篇教学设计来看,例题主要有三个来源:一是教材;二是教材和中考题的改编;三是全国的中考真题。这些中考题基本都是近几年的新题,鉴于它们的权威性和典型性,对中考有一定的导向作用。由于课堂教学时间等限制因素,例题的选取要具有典型性和代表性。例题的质量只是影响复习效果的因素之一,而例题教学的质量则是影响复习效果的决定性因素。中考复习的例题教学与新授课有何不同？事实上，它们的本质是相同的。中考复习的目的看似是为中考准备的，本质上却与新授课一样，是培养学生的数学理性思维。新授课以培养学生创造数学概念、数学命题、数学公式、数学定理等为基础培养学生的数学理性思维能力。每学期的复习是把该学期所学数学内容统一联系起来，增强这些知识点在学生数学认知结构中的联系，并进一步概括与抽象这些联系，获得更高层面的数学理解。类似地，需要再次增强学生三年学习的所有数学知识在他们的数学认知结构中的联系，并对这些联系做广义抽象，形成高层次的数学图式。在这个意义下，中考复习例题教学依然要以探究为主，由于学生已经具备相应的探究基础，应该给学生更大的探究空间。

阶段总结是对解题思维、解题过程和解题经验的语义化编码，经语义化编码的解题思维、解题过程和解题经验升华为元认知，这些元认知知识和数学认知结构有机整合为解题过程图式，有效指导与监控主体的解题认知活动，使得复习效果事半功倍。解题过程图式能使学生深化对数学知识的理解；明确如何用数学知识解决问题；用何种数学思想指导自己找到解决问题的思路，在找不到解题思路或思路受阻时启发自己另辟捷径；把握该知识涉及的基本题型与解决策略。解题过程图式是学生总结的结果，是指导学生解题的基础，也是学生继续建构新数学内容的基础。解题过程图式可以使学生易于同化数学新知识，能从本质上把握数学对象的本质属性，从问题解决层面理解数学知识和数学原理，增强数学知识和数学原理的相互联系。如果没有阶段总结，解题过程图式就很难形成，学生对数学知识及其运用的认知仅停留在具体问题上，不能把不同知识解决不同问题的数学思维模式概括抽象出来，也不能从数学结构的意义上把握数学概念、数学原理、数学思想和数学探索的本质。

在阶段总结的基础上，分层作业促进不同学生发展不同的“最近发展区”。从这些教学设计中可以看出，分层作业基本都来自中考真题，而且题量多于课堂教学所选取的样例。做一定量的题目是学生巩固内化的数学知识、数学原理、解题模式等的需要。但作业量不宜过多，否则学生只能疲于应付教师布置的任务，没有时间反思总结解题过程，没有反思就没有提高。企图通过题海战术提高学生解题能力的想法与做法都是徒劳的。

4　结语

教师在呕心沥血地指导学生中考复习的过程中，需要明确复习的数学本质。从学生的思维发展需求和数学对学生思维发展的促进来看，在中考之前进行复习是必要的，也是必须的。但并不是为中考而复习，中考不是学生数学学习的终结性评价，它是学生数学思维发展过程中的一次过程性评价。中考前的数学复习是为学生抽象思维的发展与形成奠定新的基础，不是为学生的数学学习画上句号。如果不惜一切去实现只是以数学中考成绩为目标的中考复习，结果是从数学教育的角度做了一件比医疗事故还要严重的损害学生脑子的教学事故，而且无法补救！

参考文献

[1] 符永平. 实数[J]. 中学数学教学参考(中旬)，2012(1/2)：54-58.

[2] 李明生. 整式与因式分解[J]. 中学数学教学参考(中旬)，2012(1/2)：58-61.

[3] 李长春. 一元一次方程和分式方程 [J]. 中学数学教学参考(中旬)，2012(1/2)：62-65.

[4] 吴永刚，邢剑. 一元二次方程及其应用[J]. 中学数学教学参考(中旬)，2012(1/2)：65-70.

[5] 程强，闵耀明. 不等式与不等式组[J]. 中学数学教学参考(中旬)，2012(1/2)：70-74.

[6] 郦兴江. 一次函数及其应用[J]. 中学数学教学参考(中旬)，2012(1/2)：74-80.

[7] 王秀贞，邢成云. 二次函数及其应用[J]. 中学数学教学参考(中旬)，2012(1/2)：80-87.

[8] 潘建明，何丽华. 特殊三角形[J]. 中学数学教学参考(中旬)，2012(1/2)：87-90.

[9] 崔萍. 特殊平行四边形[J]. 中学数学教学参考(中旬)，2012(1/2)：90-97.

[10] 陈开龙. 梯形[J]. 中学数学教学参考(中旬)，2012(1/2)：97-100.

[11] 宋彦波，张扬，朱崇义. 圆的基本性质和计算[J]. 中学数学教学参考(中旬)，2012(1/2)：100-103.

[12] 余旭红. 与圆有关的位置关系[J]. 中学数学教学参考(中旬)，2012(1/2)：103-106.

[13] 高莺. 视图与投影[J]. 中学数学教学参考(中旬)，2012(1/2)：107-110.

[14] 章晓东，许新. 图形的变换：以“双正方形的旋转”为例[J]. 中学数学教学参考(中旬)，2012(1/2)：110-113.

教学设计篇

中学数学课题式教学概述[①]

摘　要:基于数学课题研究的创造性特征,初步提出中学数学课题式教学,围绕数学形成的本来面目,让学生经历数学“再创造”的过程,发展数学思维能力,提升数学核心素养。中学数学课题式教学的逻辑起点是数学本原,其根本动力是问题驱动。中学数学课题式教学的环节设计主要应回答“所教数学内容的数学本原是什么”“学生拥有哪些数学现实和生活经验”等7个方面的问题。

关键词:课题式教学;数学本原;问题驱动;再创造

中学数学的很多教学方法(模式)主要关注每节课的教学实施,但不关注各章节知识之间联系的教学处理,造成每节课教学内容自成一体、相互分裂的局面,缺乏对各章节知识之间统领性问题情境、数学思想、科学价值等的教学设计。这就造成学生学到的是碎片化的知识点,没有掌握与理解这些知识产生背后的重要性、关联性、统领性。破解上述问题的主要方向是从教学内容和教学方法两个方面入手,重构中学数学教学方法(模式)。基于此,初步提出中学数学课题式教学(以下简称“课题式教学”)。

1　课题式教学的含义

1.1　课题

“课题”一词来源于科学研究话语体系。科学研究的课题主要分为经验课题和理论课题。其中,经验课题研究的目的是揭示、精确描述、认真研究各种现象和过程的不同要素;理论课题研究的目的是根据科学原理和认识方法研究和揭示决定客体形状、结构、特性的各种原因、联系和相互关系。在开展理论课题研究时,逻辑认识方法非常重要,利用这一方法可在推理的基础上解释各种现象和过程,提出各种假设和猜想,并确定解决的途径,建构概念、原理与思想等。理论课题研究的特征是创造性。

数学研究的课题属于理论课题,其研究的目的是揭示数学研究对象间的相互关系,建构数学知识体系或解决现实问题,体现知识价值、思想价值和科学价值。因此,在确定数学研究课题时,要明确课题的背景是什么,从课题背景中可以提炼出哪些本原性问题和派生性问题,哪些问题值得研究,为什么要研究这

① 沈威,曹广福.中学数学课题式教学概述[J].教育研究与评论(中学教育教学版),2020(8):62-66.

些问题,问题的重要性体现在哪里,解决问题的关键是什么,要用到哪些方法,问题是如何被解决的,由此形成了哪些新的数学知识,对数学学科的价值是什么,对科学研究的价值是什么,对技术发展有什么帮助,对社会经济发展有什么作用等。经过创造性的研究,建构新的数学概念、原理、公式、法则、体系、结构与方法等。

1.2 课题式教学

课题式教学以“数学教育是数学的再创造”和“数学教学是数学思维活动的教学”为理念,以数学知识形成的历史事实及其科学价值、学生的数学现实和生活现实及基础,把数学内容设计为数学课题,引导学生围绕促使理论产生的系列问题展开研究,通过问题的发现、提出、分析与解决,完成数学的“再创造”,使得学生掌握数学知识,建构数学认知结构,发展数学思维。

要把数学内容设计为数学课题,教师需要掌握数学知识是如何产生的,源于什么样的背景,解决了什么样的问题等。此外,由于学生受到知识面和思维能力的限制,课题式教学过程应由教师主导甚至主讲。在课堂上,教师要引导学生完成三个核心过程:要学什么,为什么要学,怎么学。在教学中,学生可以参与或不参与教师问题的回答,但要保持“火热的思考”并与教师教学过程进行内在的互动。

2 课题式教学的逻辑起点与根本动力

2.1 逻辑起点是数学本原

任何教学方法都有逻辑起点。课题式教学的逻辑起点是什么是课题式教学设计首要面对的问题。课题式教学与数学课题研究不同:中学数学知识是完全成熟的数学理论体系,它形成的历史背景与数学问题、蕴含的数学思想和应用的科学价值等均客观存在,是其得以形成的根据及存在的原因。哲学这样界定“本原”:本原意指某种东西的本性得以发端的根据及其存在得以可能的基础,本原是一种特殊的存在,它的本性在时间中保持不变……本原都是贯穿其中的最具决定性的东西;与本原相比,其他的构成要素显得微不足道。据此,把数学知识形成的历史背景与数学问题、蕴含的数学思想和应用的科学价值等称为该数学知识的数学本原。

例如,高中数学中的数学归纳法,它的数学本原是什么?华罗庚指出,小孩子识数,先学会数一个、两个、三个;过些时候,能够数到十了;又过些时候,会数到二十、三十……一百了。但后来,却绝不是这样一段一段地增长,而是飞跃前进。到了某一时候,他领悟了,他会说“我什么数都会数了”。如果没有这个飞跃,人生有限,数目无穷,就是学一辈子,也学不尽。解释这个飞跃现象的原理正是数学归纳法。数学归纳法能极有力地帮助我们认识客观事物,由简到繁,由有限到无穷。当数学归纳法抽象为“当 $n=1$ 时命题正确，假设 $n=k$ 时命题正确，当 $n=k+1$ 时命题也正确，则命题对所有自然数 n 都成立”时，它揭示了对于一个命题，仅仅验证有限次，即使是千次、万次，还不能肯定这个命题的一般正确性，必须要“当 $n=1$ 时命题正确”和“假设 $n=k$ 时命题正确，当 $n=k+1$ 时命题也正确”同时成立，缺一不可。数学归纳法不但能帮助我们“进”，即由有限到无穷，还可以帮助我们“退”，即把一个比较复杂的问题“退”成最简单、最原始的问题，把这个最简单、最原始的问题想通了、想透了，再用数学归纳法来一个“飞跃”，问题也就迎刃而解了。此外，数学归纳法形成的数学依据是自然数的皮亚诺公理，由此建立了数学归纳法与自然数性质的关系。

课题研究创造的是学术形态的数学知识。将其转化为课题式教学时，首先要把学术形态的数学知识形成的数学本原做教育形态化加工，把数学知识的数学本原蕴含的数学思想和科学价值与学生的数学现实和生活经验相结合，重构适合学生学习的问题情境。由此可见，课题式教学的逻辑起点是数学知识的数学本原。数学本原对课题式教学的价值在于提供了数学知识产生的真实原因和过程，为数学知识教育形态的“再加工”指明了方向，使教师把数学知识产生过程中经历的关键性步骤融入其教学形态，确保学生经历数学知识“再创造”的“仿真”过程，而不是凭空捏造。如此周折的目的在于让学生在数学知识的“再创造”中像数学家创造该知识时那样思考，与思想对话，包括提出了哪些问题，用到了哪些数学知识、数学思想，做了哪些思辨，思维如何加工知识，甚至走了哪些弯路等。

2.2　根本动力是问题驱动

推动人类去认识事物的根本动力是问题。问题是求知的前提、探索的动力。问题起于求知，求知导致探索，探索导致解答，于是知识产生了。数学知识产生的本原情境不一定适合学生，也就需要数学知识的数学本原与学生的数学现实和生活经验有机结合，重构出揭示数学本原并适合学生的问题情境。教师引导学生围绕问题情境产生问题，形成概念、原理或理论产生的原始问题，即本原性问题；而在寻求问题解答的过程中，也就是在理论发展的过程中，由于自身矛盾冲突生发新的问题，被称为派生性问题。本原性问题和派生性问题推动课题式教学深入进行。

例如，华罗庚指出了数学归纳法的数学本原，但不是直接以该数学本原为例展示如何教学的，而是把这个数学本原和学生的生活经验相结合，重构了一个袋子摸球的问题情境：

从一个袋子里摸出的第一个是红玻璃球，第二个是红玻璃球，甚至第三个、第四个、第五个都是红玻璃球的时候，我们立刻会出现一个猜想：“是不是袋里的东西,全部是红玻璃球?”但是,当我们有一次摸出一个白玻璃球的时候,这个猜想失败了;这时,我们会出现另一个猜想:“是不是袋里的东西,全部是玻璃球?”但是,当有一次摸出来的是一个木球的时候,这个猜想又失败了;那时我们会出现第三个猜想:“是不是袋里的东西都是球?”这个猜想对不对,还必须继续加以检验,要把袋里的东西全部摸出来,才能见个分晓。

由此,华罗庚引出一个问题:袋子里的东西是有限的,迟早总可以把它摸完,由此可以得出一个肯定的结论。但是,如果东西是无穷的时候,那怎么办?这个问题就是形成数学归纳法的本原性问题,可据此引出从有限个到无穷个的归纳原理。

当然,并不是只能用这个问题情境形成数学归纳法的本原性问题。有教师以多米诺骨牌视频为问题情境,形成本原性问题:视频中的多米诺骨牌是有限的,可以看到能否全部倒下,但是,如果多米诺骨牌是无穷的,那它们都能倒下吗?要让多米诺骨牌都倒下,需要什么条件?

在获得数学归纳法之后,再在数学归纳法的基础上提出“若 n 不是从 1 开始的,而是从 k_0 开始的,数学归纳法还正确吗?”“假设当 $n=k$ 时命题成立,那么 $n=k+2$ 时命题还成立吗?”等派生性问题,不断完善数学归纳法的知识体系。

由问题驱动形成的探究动机,推动着学生数学概念与原理的生成,从无知到有知,从少知到多知,从未知到已知,让学生经历数学发展的“再创造”过程,善于观察各种生活现象,并透过这些现象发现有规律的知识,形成数学思想,进而发展学生发现和提出问题的洞察力、分析和解决问题的思考力。

3　课题式教学的基本环节

确立课题式教学的逻辑起点与根本动力后,就要设计切实可行的教学环节,为把课题式教学落到实处提供依据。课题式教学的设计是一个有目的、有结构、有顺序、有层次的方法论体系,要解决如何使课题式教学更贴切地体现“再创造”的数学教育思想的问题。具体的环节设计主要应回答以下 7 个方面的问题:

(1) 所教数学内容的数学本原是什么?德国哲学家、教育家卡尔·西奥多·雅斯贝尔斯(Karl Theodor Jaspers)指出:“全部教育的关键在于选择完美的教育内容和尽可能使学生之‘思’不误入歧途,而是导向事物的本源。”数学本原包涵数学内容是如何产生的,产生的真实原因是什么,经历了哪些标志性过程,出现了哪些转折,新出现的问题属于什么转折,问题的解决带来了哪些科学价值,蕴含着哪些数学思想等,需要教师深入了解数学知识产生的历史背景与科学价值,以及课程在发生、发展过程中面临什么样的问题。这是决定课题式教学成败的关键。

(2) 学生拥有哪些数学现实和生活经验? 包括学生已经掌握了哪些数学概念、性质、定理、公式、法则、思想与方法,具备了怎样的观察能力、猜想能力、归纳能力、演绎能力、直觉能力等,在日常生活中使用了哪些学习工具、娱乐玩具等,具备了怎样的操作与理解科学知识以及分析与解决问题的能力等。

(3) 基于数学本原和学生数学现实与生活经验应重构什么样的问题情境? 问题情境是数学知识产生的根本原因,因此,问题情境要蕴含数学知识形成的数学本原或科学价值。此外,问题情境还要适应学生的数学现实和生活经验,反映概念、定理产生与发展的必然,因此,重构的问题情境要具有统领性,揭示数学内容的本质,应是一系列内容形成的基础。超出学生数学现实或生活经验的问题情境必然让学生难以理解,会增加他们思考的负担,影响学习的有效开展。

(4) 从问题情境中引出的本原性问题是什么? 派生性问题是什么? 事实上,本原性问题和派生性问题并不是此时才去挖掘的,而应是在弄清数学本原时就已经明确的,此时只不过是确认何时把本原性问题和派生性问题从问题情境中引导出来,判断由本原性问题和派生性问题可以形成哪些章节内容。但是,这样的环节必不可少,这是连接问题情境与学生"再创造"的核心载体——缺少它们,学生的"再创造"就无从谈起。

(5) 为什么要研究这些问题? 它们的重要性体现在哪里? 探究某一内容必然有其必要性,教师要挖掘出探究这一内容的根本原因,即其重要性体现在哪些方面,有什么数学价值,有什么科学价值,对数学问题的解决有什么帮助,对培养学生的数学核心素养有什么作用。

(6) 解决这些问题的关键是什么? 包括如何研究所确定的本原性问题和派生性问题,研究这些问题需要哪些概念、性质、定理、公式、思想、方法等,如何运用它们解决问题,解决问题的每一步是怎么想到的,运用了哪些数学工具,这些数学工具是如何想到的,其数学关系是如何转换的,需要用到哪些思维操作,这些思维操作对解决问题能起到哪些关键作用等。

(7) 解决这些问题能够带来什么? 包括通过问题解决建构的知识对数学内容体系的完善有什么价值;对其他学科和社会经济发展有什么价值;对学生的观察、实验、想象、直觉、猜想、检验、反驳等科学研究方法训练有什么帮助;对学生的归纳、演绎、聚合、发散等思维能力,逻辑、形象和直觉等思维方式,创新意识和创新能力等的提升有什么价值;对数学核心素养的培养与立德树人根本任务的落实有什么作用。

解决上述 7 个问题之后,便可以设计课题式教学的架构。教师在教学伊始,要从宏观层面对相关内容产生的背景及其数学价值、科学价值做出明确说明。之后，可展示设计好的具有统领性的问题情境，启发与引导学生根据问题情境从无到有地提炼本原性问题和派生性问题。教师可以先让学生从中提出问题，然后根据学生所提的问题做出进一步引导。如果学生所提问题就是本原性问题，教师可以引导学生继续研究；如果学生所提问题不是本原性问题，教师需要进一步将学生导向本原性问题；如果学生想不到，教师可以自己提出本原性问题，由此形成一个宏观课题。而后，教师要引导学生分析如何解决本原性问题，进一步引出一系列派生性问题，由此形成一系列子课题——每一个子课题就形成一个章节，也就形成了数学内容各章节的学习任务。每一章节之间既具有相对独立性，又相互有着逻辑关系，表现出逻辑环环相扣，内容层层递进的特点。

在每个一章节的教学过程中，教师可以启发、引导学生思考，但是学生的思维能力和知识储备等因素决定了学生很难独立发现和提出问题、分析问题和解决问题，决定了课堂教学要以教师讲解示范为主，向学生展示如何发现和提出问题，如何寻找解决问题的方法，遇到困难时如何调整解决思路，如何评估解题思路，这些思路是如何想到的等。通过教师的示范引导，让学生亲身体会思维深处蕴含的数学思想，培养学生发现和提出问题、分析和解决问题的能力。每一个章节的教学都要回答几乎同样的 4 个问题：课题的意义是什么？课题在课程中的地位是什么？需要解决哪些问题？解决问题的途径是什么？回答完这 4 个问题后，便可顺利进入下一章节的学习。整个课程的教学如同一个大课题被分解为若干个子课题，层层推进。完成整个研究过程后，课题研究也就完成了，课程的教学任务便随之完成。

总之，课题式教学在尊重数学本原的基础上，从宏观、中观到微观层面对数学教学内容进行课题式研究的重构，把教学过程当成科研过程。“其初难知”决定了课题式教学需要教师投入足够的精力，充分把握数学教学内容的发生过程，熟悉数学史，从中找出或通过合情推理梳理出数学理论产生的根源。此外，教师要具备科学研究的经验，才能真正做到把教学过程当成科研过程。综合运用讲授式、启发式、探究式等教学方法中的有效做法，使学生真正经历数学“再创造”的过程，发展数学思维能力，提升数学核心素养。

参考文献

[1] 涂荣豹，宁连华. 中学数学经典教学方法[M]. 福州：福建教育出版社，2011.

[2] N. M. 格鲁什科，等. 科学研究基础[M]. 曹瑞，等译. 上海：上海科学技术文献出版社，1989.

[3] 宁连华.数学探究教学设计研究[J].数学教育学报,2006,15(4):39-41,51.
[4] 院成纯.尼采的“生成意志”与本原问题[J].世界哲学,2018(4):43-48.
[5] 华罗庚.数学归纳法[M].上海:上海教育出版社,1963.
[6] 张应斌.中国认识论的本原问题[J].江汉论坛,1999(2):58-63.
[7] 雅斯贝尔斯.什么是教育[M].邹进,译.北京:生活·读书·新知三联书店,1991.
[8] 中国国学教育促进会.周易·系辞[M].青岛:青岛出版社,2017.

启发学生提出数学课题的若干策略①

问题是数学的心脏,数学学科在不断提出问题和解决问题过程中发展。按照数学学科发展的一般规律,并遵循"教与学对应"和"教与数学对应"二重原理[1],数学教学应以问题驱动形式启发学生对数学结果性知识和过程性知识的建构。

在数学教学中,会提出许多问题,不同的问题有不同的指向,有的问题指向数学研究工具,有的问题指向数学研究方法,有的问题指向数学知识等等。此外,不同问题的包容性也不同,有的问题涉及范围小,而有的问题涉及范围广且包含几个小问题。在一节课中,自然会有也应该有一个包容性最大的问题,而且是最具核心意义的问题,在这个问题引导下提出许多问题来统整整节课的数学知识,这个问题就是课题。

1　学生提出课题的教育学价值

1.1　提出课题符合学生可持续发展的需要

经济文化社会的科学发展和可持续发展需要具备可持续发展能力的人才,人才的培养靠教育。对于基础教育而言,很难直接培养出符合经济文化社会发展所需要的具备各种能力的学生,解决这个矛盾的唯一出路就是培养出具备可持续发展潜力的学生,这也是基础教育的最基本目标。具备可持续发展潜力的学生能够在经济社会中快速适应需要,学会自己在学校未曾学过的各种知识,并具备相应的能力,这种可持续发展的潜力就是学会学习。

学会学习的学生对学习充满热情、好奇心、求知欲和探求世界的积极态度,这些是他们人生拓展的原动力;学会学习的学生能够掌握学习方法,学会自己独立地获取知识,同时掌握科学研究的一般方法,学会从不知开始,一步一步达到问题的核心,直至最终的构建和解决问题。追溯学会学习的源头可以发现,都需要学生具备提出问题的能力,并在所提出的问题的引导下,展开科学的研究,而该问题就成为该研究的课题。因此,培养学生学会学习的能力就是培养学生学会提出问题的能力,并且是具有核心研究价值的问题——课题。落实到数学教学中,就是培养学生提出数学课题的能力。

① 沈威,任春草.启发学生提出数学课题的若干策略[J].数学之友,2020(12):1-3.

1.2 提出课题培养学生"问题解决"能力

"问题解决"教学理念影响数学教育已有30余年,数学教育研究者和一线教师在该理念的指导下,为"问题解决"教学设计出各种教学模式和教学方法。"问题解决"的核心是为学生提供一系列非常规的问题,使学生的数学能力得到增强[2]。可以看出,"问题解决"的着眼点是这些由教师给出的非常规问题,由学生负责解决。只有非常规的问题,才能在学生的最近发展区内为其提供足够的"探索空间",让学生创造性地解决问题,从而发展数学思维。

事实上,提出课题本身也是"问题解决",而且是最重要的"问题解决"。首先,"问题解决"强调问题的非常规性。"这节课要研究什么?"这个问题开放性最大,没有标准答案,也没有规范的解题步骤,不同学生可能会提出不同的课题,但都要论证所提出的课题的合理性。且对于学生来说,他们提出的课题没有现成的答案,需要他们积极地探索,并运用数学研究的一般方法深入探究。可见,提出课题同样是非常规性的。其次,"问题解决"强调解决过程的探索性。"这节课要研究什么"——解决这个问题需要学生在其数学认知结构中搜索与当前问题情境相符的数学知识,运用相关的数学思维方法、研究方法和推理方法,通过抽象、概括、演绎、归纳、分析、综合和反省等知识组织策略对所搜索的数学知识进行思维操作,做出直觉的认识活动、直觉的理解活动和理性论证,最终提出恰当合理的数学课题。最后,"问题解决"强调数学能力的培养。学生探索提出问题的过程,不但经历了探索性的数学思维活动,掌握新的数学思维方式和研究方法,培养了探索精神,这还是一个数学再创造的过程,无疑培养了学生的数学能力。

1.3 提出课题有助学生生成过程性知识

《义务教育数学课程标准(2011年版)》,明确提出了义务教育阶段数学课程的总目标,将其分为知识技能、数学思考、问题解决、情感态度4个子类,在每一类中都渗透"过程性目标"的思想,用经历、体验、探索3个动词刻画数学活动水平。《义务教育数学课程标准》虽然没有明确提出"过程性知识",但其中的过程性目标实质蕴含了过程性知识的内核[3]。提出课题是一个探索性的过程,学生参与特定的提出课题活动,不但认识他们的认知结构中特定数学对象的特征,还通过探索性的数学思维活动发现数学对象某些特征及其之间的联系。

学生在提出问题过程中主要生成"问题—解决"型过程性知识。在问题表述阶段,学生根据其所在的数学教学情境,在他们的数学认知结构中搜索与情境相符合的数学知识,通过概括、演绎、归纳等相关数学知识组织策略,对数学知识做出具有个性色彩的表述,在这一过程中,创造相关知识组织策略方面的过程性知识。在探求提出课题途径阶段,学生在对相关知识表述的基础上,运用联想、类比、一般化、特殊化、猜想等数学思维策略定向性操作，大胆地尝试提出课题，在此过程中，创造策略选择、策略定向方面的过程性知识。在交流论证阶段，学生猜想并提出课题，有些课题未必适合探究，需要师生相互交流讨论，从问题解决需要的角度、数学知识发展等角度论证课题的切实性，最终和谐对接，达成共识。在讨论论证的过程中，获得交流、表达的过程性知识。

可见，启发学生提出数学课题已成为数学教学的主要任务之一。由于数学学科抽象性和我国学生提出问题能力较弱的现状，让学生主动提出数学课题显得苍白无力，但并非遥不可及。“目标启示了方法和手段”[4]启示我们要寻找实现学生提出课题的目标的策略，使之成为现实的唯一途径就是发挥教师的启发作用，通过教师的有效启发，学生经历探索的过程，最终提出数学课题。启发学生提出数学课题，需要知悉科学地启发学生提出数学课题的策略，从而在有限的时间内，恰当地启发学生提出数学课题。

2 启发学生提出数学课题的策略

2.1 以归纳概括同类旧知的本质启发学生提出课题

所谓旧知，是指该知识在学生的数学认知结构中以恰当合理的表征形式存在至少一定的时间。这里的旧知是主观层面上的，而非客观层面上的。有的知识客观上是旧知，但该知识未必以恰当合理的形式存储在学生的数学认知结构中。相对于主体而言，旧知有下面几个特点：① 便于提取。由于旧知以恰当合理的形式存储在数学认知结构中，并按照一定的方式组织，放在“知识仓库”的前端，提取方便。② 易于归类。归纳概括的首要基础是存在一个类，而且这个类要丰富，旧知不但在数学认知结构中有序存储，并且衍生出与其相同或相似的知识关系网络节点比较多，它们以网络关系相连，一旦被提取，则以“串”或“簇”的形式呈现，表现出“类”的形态。③ 利于抽象。抽象是抽取并提炼出这一类对象的本质特征，并从众多的本质特征中提取并提炼出这一类对象的本质属性，主体对旧知的各种特点能够深入把握，能在较短时间内快速识别这一类对象的本质特征，为概括同类旧知提供基础。启发学生归纳概括同类旧知的本质，既包括归纳概括同类旧知的本质特征，也包括归纳概括同类旧知的本质属性。

可见，启发学生归纳概括同类旧知的本质，就是启发学生从他们的数学认知结构中提取相关旧知，并对相关旧知组成的类进行抽象概括的过程。这个过程的结果就是新概念的生成，运用该策略启发学生提出课题的过程，就是启发学生生成新概念的前一部分过程，这一过程不但是提出课题的过程，还是问题的解决过程。需要特别指出的是，新概念只是这一过程的必然结果，只有经历这一过程，学生才能获得新概念生成的原因和生成的必然的认识。在此过程中，学生运用了知识的提取策略，知识的组织策略，比较、抽取和提炼对象本质特征与本质属性等策略，培养学生立足现实，从原有的、熟悉的、看起来一扫而过的知识中归纳概括，同样能够产生关于新概念、新知识、新思想、新产品等的创造性意识。此外，主要使用启发性提示语启发学生归纳概括。启发性提示语主要以问题的形式呈现，但不指向具体的知识，而是起到启发与暗示的作用，具有元认知意义和方法论意义，例如“你打算怎样研究他们的关系呢？”“你想从哪方面入手呢？”“我们对它们已知什么？”“它是什么？如何表示？”等等，著名数学家乔治·波利亚(George Polya)的名著《怎样解题》中的解题表中的提示就是启发性提示语。

该策略主要用于作为基础概念生成的课题提出，而且用于提出课题的旧知要充分、足够得多，便于学生归类。例如，集合课题的提出，指数课题的提出，幂函数课题的提出，直线倾斜角课题的提出等等。

例如，可以这样启发学生提出幂函数课题：“大家有没有见过像 $y=x^2$，$y=x^3$，$y=x^4$，$y=x^{-1}$，$y=x^{\frac{1}{2}}$ 这样的表达式？”学生一定会说见过，而且还能举出很多这样的例子；进一步启发学生“这一类表达式有什么共同特点？”“有没有通用的表达式？”“我们有没有研究过？”“如果没有研究过，我们该研究什么？”学生根据教师的启发与暗示，会想到并回答“要研究这样一类表达式的共同特点”——提出课题，并通过它们的共同特征，建构这一类表达式的通用表达式，建构幂函数的概念，并且进一步研究幂函数的性质。就这样一步一步地启发学生认识到还有需要解决的问题，这自然是本课的课题。而“幂函数”是问题解决之后建构的新概念，它是一个标题，不是课题。

2.2　根据数学研究的一般方法启发学生提出课题

数学学科的发展与其他学科发展一样，都有自己研究问题的一般方法，而且很多方法相同。譬如数学研究中的由简单到复杂的研究方法，在所有学科研究中都是如此：在化学的研究中，一般都是先研究某一元素所组成物质的物理性质(颜色、密度、熔点、沸点、气味、与水的相容性等)，再研究化学性质(燃烧的颜色、燃烧的气味、不同氧气含量的燃烧情况、电子构型等)，在研究化学性质的情况下，一般是先研究在常温或通常情况下的燃烧情况，再研究在不同氧气含量下的燃烧情况；数学研究同样如此，例如在空间几何的研究中，空间几何主要由点、线和面构成，因此空间几何主要就是研究点、线和面之间的关系，首先研究点与直线的关系，其次研究点与平面的关系，研究点线关系和点面关系之后，对于线面关系和面面关系，当然是先研究线面关系，而且，在线面关系中，还是先研究直线与平面平行的情况，再研究直线与相交的情况，在相交的情况中，那么首先是先研究线面垂直关系，其次才是线面相交但不垂直关系。

类比方法是数学研究一般方法中又一重要的方法，许多数学知识的发展与类比方法不无关系。例如在角由 0°～360°扩充到任意角之后，运用类比的方法，那么三角函数的也应该由初中的定义扩充到任意角的三角函数。在启发学生提出“任意角三角函数”的课题的时候，可以这样：“前面我们把角由原来的 0°～360°扩展到了任意角，那么我们还有什么需要研究?”学生未必能想到需要研究任意角的三角函数，因此需要进一步地启发，“与角有关的知识有哪些?”学生肯定会说三角函数，到这个地方可能会有学生想到要研究任意角的三角函数，还有一部分的学生没有想到，需要再进一步启发“角的范围已经扩充了，那么对于三角函数来说，有什么需要研究的?”启发至此，大部分学生已经思考到了需要研究任意角的三角函数了，也就提出了课题。其实这也回答了在学生心中经常问的一个问题“为什么要学习这节课的内容? 这节课的内容是从天上掉下来的还是从超市里买来的?”

运用数学研究的一般方法启发学生提出课题与通过旧知启发学生提出不同，通过旧知启发学生提出课题的过程也是引导学生建构数学新概念的过程，而运用数学研究的一般方法启发学生提出课题，启发学生提出课题的时间短，但仅仅是提出课题，明确研究的方向，对于该课题的内涵，即是什么、怎么样、与原有知识有何关系都没有研究，需要从头开始研究。

2.3 以问题解决的需要为线索启发学生提出课题

问题解决是指人们在日常生活和社会实践中，面临新情况、新问题而发现它与主客观需要的矛盾却又没有现成对策的时候，所引起的一系列心理活动和行动过程[5]。我国《普通高中数学课程标准(实验)》中明确指出“高中数学课程应力求使学生体验数学在解决实际问题中的作用、数学与日常生活及其他学科的联系，促进学生逐步形成和发展数学应用意识，提高实践能力”。通过问题解决可以有效地激发和调动学生的学习动机，让学生理解和掌握数学问题背后的知识及其相关知识之间的内在联系。问题解决作为一种重要的认知途径，用于改善学生的认知结构，发展学生的思维能力。问题解决强调的是问题解决的过程，关注的是学生的过程体会，因此，问题解决自然成为启发学生提出课题的重要策略之一。

运用问题解决策略启发学生提出课题，主要适用于一些新概念的运算表达式，新公式等知识课题的提出。例如对数概念及其表达形式课题的提出，诱导公式课题的提出，正弦定理课题的提出，余弦定理课题的提出等。

例如，对数概念及其表达式这节课可以这样启发学生提出课题：首先呈现 3

个简单的问题,① $2^x=4$,$x=$? ② $2^x=\frac{1}{2}$,$x=$? ③ $2^x=\sqrt{2}$,$x=$? 学生不难回答这3个问题,答案分别为2,-1,$\frac{1}{2}$,然后再呈现第4个问题④ $2^x=3$,$x=$? 这个时候,学生是解决不了这个问题的,自然地就引发认知冲突,激发学生的求知欲,这个时候启发学生“在我们利用原有的知识解决不了当前问题的时候,我们该怎么办?”启发学生认识到“需要创造新的数学知识来解决当前这个问题”。当然,学生一开始是想不到“需要创造新的数学知识来解决当前这个问题”,这需要教师长期地运用启发学生提出课题的策略启发学生,学生就能够在这种环境中潜移默化地受到影响,自然能够想到“需要创造新的数学知识来解决当前这个问题”。学生学到的不只是提出课题,最重要的是养成了提出课题的意识,将来,只要他们在遇到解决不了问题的情况下,就想到需要创造新的知识或者研发工具来解决这个问题,这其实学生创造的源泉。没有提出课题的意识,就不可能有创造的可能。

3 结语

当前,启发学生提出课题的策略向“多元化”发展,比如“生活问题启发”“真实情境启发”“习题点评启发”“假想模拟启发”“悬念设置启发”等等。无论运用哪种策略启发,最终都是启发学生认识到已有的知识不够用了,需要我们创造新的数学知识、命题、方法、公式等解决当前问题——本课课题。可能有的学生不容易提出课题,但也要让学生经历探索提出课题的过程。只要让学生经历了探索提出课题的过程,最后即便学生提不出课题,而由教师提出课题,学生也体验了提出课题的经历,教师提出课题起到的是“画龙点睛”的作用,学生再也不会在心里问“这节课为什么要学习这个内容?”我们主张用建构主义教学观培养学生提出课题的能力,教师要根据学生已有的认知结构、经验背景和数学知识发展的规律,采用切实可行的策略,启发学生提出课题。课题提出教学的重点不但在于课题本身,更在于启发学生提出课题的过程,在于启发学生通过质疑、发现、探究、归纳、判断、概括等方式,把本来教师要给出的课题变为他们自己经过探索提出的课题。

事实上,启发学生有效提出课题的策略并不是各自孤立的,而是相互交叉、互相联系的。有些课题提出的过程需要综合运用多种策略,所以教师要把握各种策略的本质,设计有效的课题提出方式。不同的教师对同一知识可能采用不同的策略启发学生提出课题,或者对于不同的课题采用同一种策略启发学生提出课题。因此教师在选择策略启发学生提出课题的时候,一定要以自己和学生都能接受的策略为标准,有效地启发学生提出课题,让学生感悟提出课题的经历,把握提出数学课题的数学研究一般方法,体验提出课题的情感,养成提出课题的态度,从而促进学生认识力的发展,培养学生可持续发展的能力。

参考文献

[1] 涂荣豹.论数学教育研究的规范性[J].数学教育学报,2003,12(4):2-5.
[2] 孔企平.西方"问题解决"理论研究和数学课程改革走向[J].课程·教材·教法,1998(9):55-58.
[3] 黄燕玲,喻平.对数学理解的再认识[J].数学教育学报,2002,11(3):40-43.
[4] 乔治·波利亚.数学的发现:第二卷[M].刘景麟,曹之江,邹清莲,译.呼和浩特:内蒙古人民出版社,1981.
[5] 涂荣豹.数学教学认识论[M].南京南京师范大学出版社,2004:11.

教学设计研究1:初中统计内容课题式教学设计研究[①]

摘　要:初中统计内容的教科书编写和日常课堂教学存在不同程度的问题。基于数学课程内容的学术形态教育化和数学教学“再创造”的思想,围绕初中统计内容的实质、教学定位和教育价值,结合学生的数学现实和生活现实,重构了初中统计内容课题式教学设计结构,为初中统计教学提供一种新的教学思路。

关键词:统计;再创造;课题式教学

1　问题提出

《义务教育数学课程标准(2011年版)》与《普通高中数学课程标准(2017年版)》指出数据分析是统计的核心,是研究随机现象的重要数学技术,是大数据时代数学应用的主要方法,也是“互联网+”相关领域的主要数学方法,已经深入科学、技术、工程和现代社会生后的各个方面,统计内容主要发展学生的数据分析观念与素养[1-2]。初中统计内容主要分布在七年级下册第十章和八年级下册第二十章,分为收集、整理、描述数据和处理数据两部分,涵盖全面调查、抽样调查、直方图、加权平均数、中位数、众数、方差等统计方法。

教科书是数学教师开展数学教学的重要参考资料,数学教师按照数学教科书规定的章节顺序及其内容教学,甚至以教科书中编写的内容为载体开展教学,可见教科书内容编写的科学性决定了数学教学质量,最终影响学生数据分析能力的发展。下面以人民教育出版社出版的义务教育教科书[3-4]为例探讨初中统计内容编写和相关教学方面存在的问题,在此基础上,以初中统计内容蕴含的实质和相应的教学定位为背景,重构初中统计内容的数学课题式教学,让学生经历“再创造”的数学教学过程,像数学家那样思考。

2　教科书中存在值得商榷的问题

2.1　七年级问题情境背景之间缺乏统领性

七年级的教科书中的问题情境是以学校学生日常学习生活为背景创设的,其中10.1节(统计调查)的问题1和问题2是以学生对新闻、体育、动画、娱乐、戏曲五类电视节目的喜爱情况引出全面调查和抽样调查,10.2节(直方图)的问

---

① 沈威,曹广福.初中统计内容课题式教学设计研究[J].数学教育学报,2022,31(3):45-49.

题是以挑选学生参加广播操比赛，从喜爱电视节目到选拔学生参加广播操比赛，这两个问题情境之间跳跃性太大，没有把相关知识"一线串通"[5]，从中找不出它们之间的统领性，间接地暗示了直方图与统计调查之间源于不同的背景，学生很难把统计调查方法与直方图之间建立关联性。

2.2　七年级的"直方图"内容编写存在逻辑矛盾

七年级教科书中 10.2 节（直方图）根据问题情境提出的问题是"选择身高在哪个范围的同学参加呢"，经过计算最大值与最小值的差、决定组距和组数、列频数分布表三个步骤之后，便给出结论"因此可以从身高在 155 cm 至 164 cm（不含 164 cm）的同学中挑选参加比赛的同学"。至此，问题情境提出的问题已经解决。问题情境所提问题和问题节的解答和直方图没有任何关系，教科书却在问题解决后"强制"加入画直方图的内容，但是画频数直方图的必要性没有凸显。这反映出这一节内容中问题（情境）提出的问题不科学，没有凸显画频数分布直方图的价值与必要性。通过内容总体比较发现，直方图作为加权平均数概念的基础，应该与加权平均数合并在一起设计教学较为合适。说明教科书直方图内容的编写存在科学性问题，直方图内容安排的章节有待改善。

2.3　七年级和八年级的问题情境背景缺乏统领性

七年级教科书中的问题情境背景在学生生活经验内，而八年级教科书中的问题情境背景都在学生生活经验外，且每个问题情境背景之间相互独立，缺乏统领性，造成统计相关的知识之间的内在关系被割裂，学生无法把不同背景下形成的统计方法建构为一个完整的统计方法体系。事实上，七年级与八年级的统计方法之间的关系密切，只有问题情境背景具有统领性，由此形成的统计方法才能在学生的数学认知结构中形成完整的 CPFS 结构[6]。

2.4　八年级的问题情境背景不在学生生活经验内

八年级的教科书中分别以公司招聘、公司员工收入和农科院选种为背景创设情境，引出加权平均数、中位数与众数、方差等统计方法。但初二学生很难对公司运营和农科院的工作内容了解较多，这些背景都不在学生生活经验内，也就是说，八年级的问题情境背景脱离了学生的生活现实，当学生在学习相关内容时，首先遇到的困难不是对统计方法的理解，而是对公司招聘、公司员工工资以及农科院及其育种情况无法把握并被这些背景干扰，导致学生无法透过问题情境思考与把握统计思想与方法的实质。

2.5　八年级"加权平均数"内容编写不符合学生的认知规律

八年级的教科书中 20.1 节（加权平均数）第一个定义是"问题（2）是根据实际需要对不同类型的数据赋予其重要程度相应的比重，其中的 2、1、3、4 分别称为听、说、读、写四项成绩的权（weight），相应的平均数 79.5、80.4 分别称为甲和乙的听、说、读、写四项成绩的加权平均数(weighted average)。一般地,若 n 个数 $x_1,x_2,\cdots,x_n$ 的权分别是 $\omega_1,\omega_2,\cdots,\omega_n$,则 $\frac{x_1\omega_1+x_2\omega_2+\cdots+x_n\omega_n}{\omega_1+\omega_2+\cdots+\omega_n}$ 叫作这 n 个数的加权平均数”。从例题的问题和这个定义看不出平均数的痕迹,为何是平均数以及为何定义为加权平均数均没有揭示出来,其中“权”的关系是一种比例,但是在定义“权”时,却没有从比例角度给出解释,到底“权”的统计学意义是什么,教科书没有给予说明。第二个定义是“在求 n 个数的平均数时,如果 x_1 出现 f_1 次,x_2 出现 f_2 次,$\cdots$,x_k 出现 f_k 次(这里 $f_1+f_2+\cdots+f_k=n$),那么这 n 个数的平均数 $\bar{x}=\frac{x_1f_1+x_2f_2+\cdots+x_kf_k}{n}$ 也叫作 $x_1,x_2,\cdots,x_k$ 这 k 个数的加权平均数,其中 $f_1,f_2,\cdots,f_k$ 分别叫作 $x_1,x_2,\cdots,x_k$ 的权”。由此可以揭示加权平均数是一种特殊“平均数”的数学本质。比较两个定义,应该把第二个定义放在前面,先渗透平均数的数学本质,引导学生认识权的本质,比较权与 $f_1,f_2,\cdots,f_k$ 和 n 之间的关系,以及 $f_1,f_2,\cdots,f_k$ 与 n 之间的比例关系,为进一步引入以比例关系为基础的加权平均数做好铺垫。

3　初中统计教学课例忽视学生的“再创造”

目前统计内容教学主要表现为两种形式:一种以教科书提供内容为载体开展教学;第二种是教师放弃使用教科书提供的材料,重构教学内容。从公开发表的教学课例和日常课堂教学实地听课情况来看,均存在课堂教学忽视学生“再创造”、灌输学生统计方法的情况,正所谓“鸳鸯绣出任君看,不与郎君度金针”。

例如,马丽在八年级“平均数”一课的教学以教科书提供材料为基础[7],仅对问题情境的背景做了改变,把教科书中以公司招聘英语翻译的背景改为学校对两名8年级学生进行英语测试,其他内容均与教科书内容一致。由于教科书在加权平均数部分的内容编写不符合学生的认知规律,造成以比例关系定义的加权平均数看不出平均数的影子,学生无法理解加权平均数形成的本质。相应地,马丽在八年级“加权平均数”一课的教学中必然存在教学过程不符合学生的认知规律,导致以比例为基础定义的加权平均数的教学过程变为灌输式的。

有的教师对教科书提供的内容重构,对课堂教学重新设计,但由于没有把握统计的本质和相关内容的数学本原,其教学过程表现为灌输式教学。例如,张琼吉等的“方差”教学设计没有渗透“为何统计、统计什么和如何统计”的统计本质[8],主要表现为导入新课的问题情境直接告诉学生要选拔运动员参加奥运会,并直接给出他们的预赛成绩,提出问题“选派哪位运动员去参加比赛更合适呢?”在此基础上,提出问题1“有同学提出比较最高成绩,你同意吗?”和问题2

“有同学认为有两位运动员的最高成绩是一样的，故应当比较平均成绩，你同意吗?”从教学设计可以看出，教师把所有教学内容摆在学生面前，只要学生回答“同意”或“不同意”即可，至于为何想到要以其比赛成绩作为选拔运动员的依据、为何比较运动员成绩以及为何选择平均数进行比较等，均不需要学生思考。这显然是灌输式教学，教学设计没有按照统计的本质引导学生经历统计方法产生的“再创造”过程，即便教学过程“热热闹闹”也无法弥补教学实质的欠缺。

4 初中统计内容的实质、教学定位与教育价值

初中统计教学应该如何设计以及课堂教学应该如何展开，都需要探究初中统计内容的实质、教学定位和教育价值是什么，并从根本上认识与理解初中统计内容，这样对于科学地开展初中统计教学设计与课堂教学才有帮助。

4.1 初中统计内容的实质

从初中数学教科书中可以看出，初中统计内容主要是全面调查、抽样调查、直方图、算术平均数、加权平均数、中位数、众数和方差，其中蕴含着丰富的统计学思想。统计思想源于人类经济社会生存与发展的需要以及国家或组织为丰富与完善管理的需要，统计的目的则是通过获取真实有效的数据并做科学分析，认识事物之间蕴含的内在关系，为科学地决策和指导工作提供帮助。

在原始社会，原始部落或族人因为食物有限与生存需要，产生了成员与食物的统计与分配，以及简单的分组与平均分配法。随着经济社会的发展，在国家治理和组织投资管理等方面，逐渐需要对经济、军事、人口、税务、财务、贸易等做各项研究，在测量或试验时有破坏性，不可能进行全面调查。如，电脑的抗震能力试验、灯具的耐用时间试验等。统计调查由刚开始的全面调查逐渐发展为抽样调查，通过样本信息推测整体信息，由部分预测整体。抽样调查是一种非全面调查，它是从全部调查研究对象中，抽选一部分单位进行调查，并据以对全部调查研究对象做出估计和推断的一种调查方法。显然，抽样调查虽然是非全面调查，但它的目的却在于取得反映总体情况的信息资料，也可起到全面调查的作用。抽样调查的随机性是一些统计学家关心的焦点，为了保证抽样的随机性，不断研究如何能保证具有相同个数的观察值的每一个可能的样本都有同等机会被选中，构造随机数表，形成随机性思想。

抽样调查获得样本数据后，自然要对相关数据做分析。如何简单明了地揭示数据内部蕴含的关系、特征与分布等以便于更好地分析问题，成为统计学研究的重要内容之一。刻画数据关系、体现数据特征与进行数据分析的主要方法有三种：第一种是文字与符号语言；第二种是统计表格；第三种是统计图。其中，统计学使用最多的是文字与符号语言，但因其抽象性较强，让人有时难以理解其中的深刻含义，而表格与图形具有直观的表现力，因此统计学经常使用各

种统计表格和图形来展现数据关系、表现与描述数据特征。相较于统计表格，统计图不但能够刻画数据的大小关系，还能表现出数据之间的相互关系，一目了然，因此，统计图自然成为透视数据变化规律及其因果关系的重要工具。随着统计的应用范围不断扩大、数据类型不断复杂、统计数据不断增多，为了还能在一张统计图上直观地显示数据的关系、特征与分布等，频数分布直方图就产生了。

频数分布直方图可以承载离散型和连续型数据，还可以承载数量更多的数据，频数分布直方图在离散型统计向连续型统计的发展过程中起到重要的推动作用。如果仅对具体离散的数据做频数统计，得到的则是离散型度量，不管怎么仔细地数，得到的频数始终是精确的非负整数，不会变化。与之相对的，如果把数据分组等距做频数分布，得到的则是连续型度量，得到的频数与数据分组的精细程度有关，也就是说对数据等距分组统计的频数依赖于度量的精细程度，由此就把收集的离散型数据转化为连续型统计数据，这对统计学的发展具有重要意义。连续性思想是近代数学发展的基础，是数学连续性理论运用于统计的重要载体，为统计学的发展起重要的推动作用。

分析一组数据，往往需要找出这组数据的中心值，从而形成了数据中心值思想，数据中心值的思想在统计学中被称为中心趋势，数据中心值的度量方法主要是均值、中位数和众数等，其中均值使用的范围最广。均值的初等定义就是算术平均数，如果把算术平均数与频数分布联系起来，基于频数分布对算术平均计算方法不断改进，可演化出加权平均数；如果把算术平均数与概率分布联系起来，便得到数学期望。在加权平均数中，如果把频数作相对频数转化，则得到加权平均数的另一种定义，其中频数和相对频数均被称为“权”，“权”揭示了一组数据的重要程度。有时样本数据出现极端大或极端小的情况，仅用平均数不能反映样本的真实水平，需要对样本中的数据做深入研究，寻找能够代表样本整体情况的数据，由此形成了中位数和众数的集中趋势的统计方法。

为了考察样本数据的稳定性或数据波动（离散）程度，可采用标准差、方差和百分位数等度量方法。方差是最常用的度量方法，是指一组的所有数据与其平均数差的平方再取平均。由此可知方差具有非负性，方差越小，这组数据的离散程度越小；方差越大，这组数据的离散程度也就越大。如果对方差开平方，就是标准差。标准差的概念是由卡尔·皮尔逊（Karl Pearson）引入统计中的，而方差则是由罗纳德·艾尔默·费希尔（Ronald Aylmer Fisher）命名的，方差与标准差具有相同的特征，但是方差比标准差易于计算。

4.2　初中统计内容的教学定位

《义务教育数学课程标准（2011 年版）》对初中统计内容的教学做了明确定

位，是分析教学定位的基石。《义务教育数学课程标准(2011年版)》对统计内容的教学定位主要是[1]：

(1) 经历收集、整理、描述和分析数据的活动，了解数据处理的过程；能用计算器处理较为复杂的数据。

(2) 体会抽样的必要性，通过实例了解简单随机抽样。

(3) 理解平均数的意义，能计算中位数、众数、加权平均数，了解它们是数据集中趋势的描述。

(4) 体会刻画数据离散程度的意义，会计算简单数据的方差。

(5) 通过实例，了解频数和频数分布的意义，能画频数分布直方图，能利用频数分布直方图解释数据中蕴含的信息。

(6) 体会样本与总体的关系，知道可以通过样本平均数、样本方差推断总体平均数和总体方差。

可以看出《义务教育教学课程标准(2011年版)》对初中统计内容的教学定位准确地体现了初中统计内容蕴含的实质，要求在统计教学中创设能揭示收集、整理、描述和分析数据的适当场景活动与问题情境，让学生在场景活动和解决问题过程中获得感性认识，可以从场景活动中知道并辨认收集、整理、描述和分析数据的特征。具体来说，学生要从场景活动与问题情境中认识到为何要做抽样调查以及做抽样调查的必要性是什么，并获得做抽样调查的经验。

学生获取做抽样调查收集的数据后自然要做数据分析，首先要对数据做整理，从中找出或算出数据的集中趋势，从整体上把握数据的主要特征，也就是理解与掌握计算中位数、众数、加权平均数的计算方法，并能把计算方法运用到新的统计情境中去。一组统计数据有的时候具有集中趋势，但也存在统计数据比较分散的情况，这时平均数、中位数和众数不能很好地代表整组数据的特征，从而需要刻画数据的离散程度，学生需要理解与掌握方差的意义，并能在问题情境中熟练地运用方差的计算方法。在此基础上，进一步引导学生逐渐深入地分析数据，把数据分段画出频数直方图，研究频数分布直方图并获得更多的样本信息，体会样本与总体的关系。

4.3 初中统计内容的教育价值

《义务教育数学课程标准(2011年版)》指出在初中统计部分的教学中要注重发展学生的数据分析观念，在此基础上还要特别重视发展学生的应用意识和创新意识。数据分析观念是指学生在有关数据的统计活动过程中所建立起来的对数据分析的某种“领悟”，是关于数据分析内涵、思想方法及其应用价值的综合性认识，主要包括对数据的意识与感悟、数据分析方法的意识与感悟、现实现象随机性的意识与感悟三个维度[9]。从初中统计部分内容涉及的知识的发展史看，在发展学生数据分析观念的同时更加适合发展学生的应用意识和创新意识，统计的产生源于社会生产生活的需要，是在解决社会问题过程中应用数学知识产生的，具有应用和创新的特征。也就是说，初中统计部分的教育价值在于培养学生的数据分析观念和能力。

初中统计部分的内容为培养学生数据分析观念和能力提供场景与情境。例如，学生要体会抽样调查的必要性，必然需要经历全面调查带来的种种不便，也只有亲身经历了全面调查的过程，才能体验为何要在全面调查的基础上发展抽样调查，也就是抽样调查的必要性。与此同时，学生在分析样本数据的过程中初步体会总体与样本之间的关系，感知调查对象机会等可能的随机性，运用样本数据推断总体情况的内在逻辑与推理的合情性。

初中统计部分的问题提出与问题解决为培养学生的数据分析观念和能力提供过程。当学生经历抽样调查过程并探索性地创造出中位数、众数、加权平均数、方差、频数分布直方图等统计方法。他们“再创造”的这些新方法都凝聚着创造性劳动，表现出勇于创造的精神。学生只有经历这些统计方法的“再创造”过程，主动建立统计方法之间的本质关系，揭示各种统计方法的特征与特点，才能在其数学认知结构中真正生成这些统计方法及其运用统计方法的能力。

5　初中统计内容的数学课题式教学设计框架

5.1　初中统计内容课题式教学设计的思想

初中统计内容的教学既不能把上述统计内容的深刻思想与科学价值直接告诉学生，也不能把相关调查方法和形式化统计计算公式陈述给学生，否则，学生只能机械地记忆相关内容。这既不符合学生学习数学的心理特点，也违背了《课程标准》指出的初中统计的教育价值在于培养学生具有应用意识和创新意识的数据分析观念和能力。只有恰当地把初中统计蕴含的深刻思想与科学价值教育形态化[10]，重构初中统计内容教学，把统计知识“一线串通”[3]，围绕“为何统计、统计什么和如何统计”的统计本质[11]，才能更好地发展学生的应用意识和创新意识。中学数学课题式教学是以数学知识形成的历史事实及其科学价值，以及学生的数学现实与生活现实为基础，把教学内容设计为数学课题，引导学生围绕着促使理论产生的一系列问题展开，通过问题的发现、分析与解决，从而完成数学的“再创造”过程，使学生掌握数学新知识，建构数学认知结构，发展数学思维[12-13]。课题式教学设计是一个有目的、有结构、有顺序、有层次的方法论体系，要解决如何使课题式教学更贴切地体现“再创造”的数学教育思想。

5.2　学生具有的生活经验及问题情境的背景

初中统计课题式教学是以数据为载体的“再创造”统计方法，首先要考虑学生日常能够接触到的与数据有关的且能够统领整个初中阶段的背景，把统计知识“一线串通”。根据学生日常学习与生活的特点，学生能接触到能统领问题情境背景是自身指标数据和成绩数据，包括学生的身高体重数据、各学科的考试成绩数据和各项运动比赛的数据等。结合国家对初中学生运动重视，恢复体育在整个教学中的重要地位，良好的体育锻炼不仅能磨炼初中生的意志，还能促进他们德、智、体、美、劳全面发展，帮助他们培养积极乐观的心态。体育在整个初中阶段的教育中发挥的作用是不可替代的[14]。因此，可以以学生的身高、体重、心跳以及各种运动项目成绩的数据等为背景，研究学生的身高、体重数据以及各项运动数据测试或比赛数据，作为评价学生健康状况、选拔选手参加比赛的依据等，这种问题背景就具有统领性。还可以引导学生关注自己、参与运动、重视健康，树立健康理念，经历“再创造”统计方法的过程，深刻体会统计思想。学生通过熟悉的背景能够快速地把握统计内容的本质，形成具有弹性的统计认知结构，培养较强的迁移能力。

5.3　*初中统计课题式教学设计的框架*

在不改变现有人教版教科书内容编写顺序的情况下，基于统计内容的数学实质和学生的数学现实和生活现实重构问题情境，主要围绕如下三个问题展开：需要什么样的数据？如何获取这些数据？如何分析和应用这些数据？显然，需要什么样的数据取决于我们关注什么样的问题，如何获取和分析数据则取决于问题的本质和数据的形态[15]。问题情境蕴含课程的背景与意义和要解决的问题，引出统计方法的本原性问题及其派生性问题，揭示课题的意义、在课程中的地位、需要解决的问题与解决问题的途径等。七年级下册的统计方法是全面调查、抽样调查和直方图。可以以调查学生对体育项目的爱好及其相应体育项目成绩的直观表示为问题情境，八年级下册的统计方法是加权平均数、中位数、众数和方差。可以在七年级的问题情境背景下，以班内同学体育课分组开展篮球对抗赛为问题情境，不断演化问题，从而“再创造”出相应的统计方法，由此形成了初中统计课题式教学结构图(图 1)。

七年级教科书中 10.1 节“统计调查”，主要围绕以下几个关键问题展开：

本原性问题 1：为了了解我班学生对体育项目的爱好情况，请大家设计一个简便易行的调查方法，并说明应该做哪些工作。

派生性问题 1：解决这个问题的关键是什么？

派生性问题 2：你能概括出你采用的调查方法的数学本质吗？能不能定义它？

本原性问题 2：为了了解全校学生对体育项目的爱好情况，请大家设计一个简便易行的调查方法，并说明应该做哪些工作。

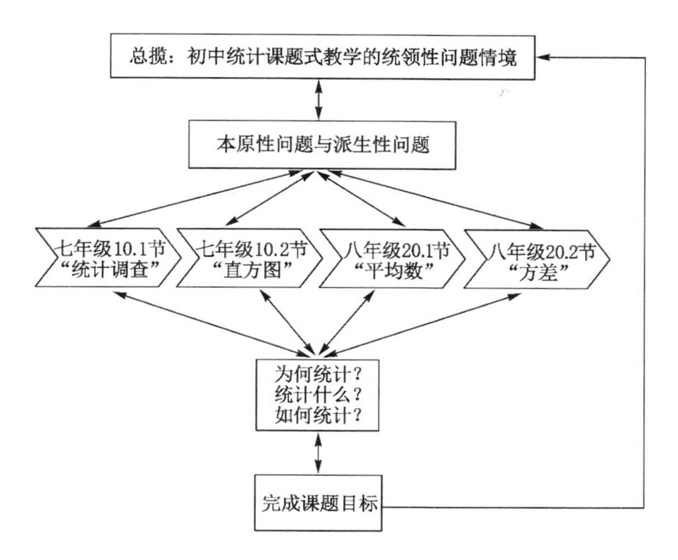

图1　初中统计课题式教学结构图

派生性问题3：解决这个问题的关键是什么？

派生性问题4：你能概括出你采用的调查方法的数学本质吗？能不能定义它？

派生性问题5：比较全面调查和抽样调查两种方法，你能发现什么？能不能对其表现的统计方法特征予以定义？形成简单随机抽样的定义。

七年级教科书中10.2节“直方图”，主要围绕以下几个关键问题展开：

派生性问题1：大家已经统计了全校学生对体育项目的爱好情况，现在可以统计被随机抽到100名学生的1 000米长跑成绩了，能不能把这些统计结果用数学方法直观地表示出来，让大家看到学生长跑成绩的整体情况？

派生性问题2：有哪些已知可用的方法刻画大家的长跑成绩？当这些数据比较多且有的数据密集有的数据分散时，有没有更合适的方法？能不能把这些数据分段刻画？

派生性问题3：解决这个问题的关键是什么？

派生性问题4：在分段的过程中，你能发现什么？

八年级教科书中20.1节“平均数”，主要围绕以下几个关键问题展开：

本原性问题1：我班同学在上周体育课被分为四个小组做投篮对抗赛，这是每个小组的得分表，大家能根据这个得分表算出每个小组成员投篮的整体水平吗？

派生性问题1：你能根据投篮的数据特征简化计算平均数的计算过程吗？

如何简化？你从中发现什么技巧吗？解决的关键问题是什么(找频数)？这种计算技巧有没有普遍性？

派生性问题 2：该组各个数据的“权”与数据的总个数之间是什么关系？你能从中有什么新发现？因为各个数据的“权”相加，就是该组数据的总个数，如果把这个总个数看作 1，也就是把各个数据的“权”与数据的总个数相除，得到了每个数据在该组数据中的比重，显示出该数据在这组数据的重要程度。由此，你能得到了加权平均数的第二种形式吗？

派生性问题 3：加权平均数的第一个公式的价值体现在哪里？加权平均数的第二个公式的价值体现在哪里？

派生性问题 4：你看我们篮球达人“乔丹”那组数据，因为“乔丹”投篮数特别高，把大家的水平都拉上去了，你觉得这合理吗？如果一组数据中有异常大或异常小的数据时，用平均数就没办法反映这组数据的整体情况，如果这样不合理，应该怎样统计才能反映这组数据的整体情况呢？

派生性问题 5：仔细观察各组数据，各组数据中有没有出现最多的数？各组出现最多的数是否相同？你看全班同学投篮数出现最多的是哪个数？能不能给这个数取个名字？

派生性问题：中位数和众数的价值体现在哪里？

对于八年级教科书中 20.2 节“方差”，主要围绕以下几个关键问题展开：

本原性问题：来看第一小组和第二小组的投篮成绩，虽然他们的平均数相同，但是两组成员投篮水平不一样吧？如何刻画它们？

派生性问题 1：通过在数轴上标点可以看出第一小组投篮成绩与平均数非常接近，但是第二小组的成绩却比较分散，现在都用“离散程度”刻画各组数据与其平均数接近还是分散程度，如何运用适当的数学方法刻画每组数据的离散程度？

派生性问题 2：可以求各组数据与平均数距离的平均数，这个距离如何刻画？用绝对值，能不能用更加恰当的方法？

6　结语

初中是培养学生统计意识、统计思维与统计素养的入门阶段，恰当的教学设计可以帮助学生体会统计思想、正确认识统计本质、树立科学的统计观。基于统计本质与统计思想的课题式教学设计围绕学生的数学现实与生活现实，把初中统计内容设计为一个课题，为学生经历“再创造”的统计过程提供一种合适的教育场域。

参考文献

[1] 中华人民共和国教育部. 义务教育数学课程标准:2011 年版[M]. 北京:北京师范大学出版社,2012:39-42.

[2] 中华人民共和国教育部. 普通高中数学课程标准:2017 年版[M]. 北京:人民教育出版社,2018:6-8.

[3] 课程教材研究所. 数学:七年级:下册[M]. 北京:人民教育出版社,2013:135-152.

[4] 课程教材研究所. 数学:八年级:下册[M]. 北京:人民教育出版社,2013:121-130.

[5] 徐章韬,王后雄. 在与化学的关联中促进数学理解:教育数学研究之一[J]. 教育研究与评论(中学教育教学),2018(1):34-37.

[6] 喻平,单墫. 数学学习心理的 CPFS 结构理论[J]. 数学教育学报,2003,12(1):12-16.

[7] 马丽. "平均数"教学设计[J]. 中国数学教育(初中版),2018(5):46-49.

[8] 张琼吉,刘永东,苏德杰,等. "方差"教学设计简案[J]. 中国数学教育,2017(19):9-11.

[9] 童莉,张号,张宁. 义务教育阶段学生数据分析观念的评价框架建构[J]. 数学教育学报,2014,23(2):45-48.

[10] 程靖,马文杰,张奠宙. "教育数学"的内涵及其分析框架研究[J]. 教育科学研究,2016(6):44-49.

[11] 李金昌,等. 统计思想研究[M]. 北京:中国统计出版社,2009:27-32.

[12] 曹广福,刘丹. 课题式教学法探析[J]. 数学教育学报,2020,29(3):32-36.

[13] 沈威,曹广福. 中学数学课题式教学概述[J]. 教育研究与评论(中学教育教学),2020(8):62-66.

[14] 许少雄. 如何培养初中生体育运动意识与素养[J]. 名师在线,2020(3):58-59.

[15] 李金昌. 统计学三要素:问题、数据和方法[J]. 中国统计,2018(3):40-42.

教学设计研究2:初中数学“统计调查”课题式教学设计研究①

摘　要:初中教科书中的“统计调查”内容是培养学生总体与样本、抽样与随机性思想的重要内容。研究发现初中教科书中“统计调查”内容的编写存在一些需要改善的问题。围绕“统计调查”蕴含的深刻思想及其本质,结合学生的数学现实和生活现实,重构了“统计调查”课题式教学设计结构,为初中统计教学提供一种新的教学思路。

关键词:统计调查;课题式教学;再创造

1　问题提出

统计学作为一门以数据为对象,研究自然现象与人类社会活动而探究其内在规律的方法论科学,能以数据表示复杂深奥的事实,化繁为简,能从大量的同类数据中揭示深刻关系,基于过去预测未来等。统计学成为自然科学、社会科学与技术科学的一个重要科学研究工具,为国家或组织制定相关政策方针、生物医药研究、机械制造、分析财政状况、检验立法行政效果、解决社会问题等提供方法论保障。自从统计学相关内容被安排进中学教科书中后,我国国民的统计素养在逐渐提高,能够运用相关统计原理与知识、思想与方法、观念与意识等认识与理解自然现象和人类社会,能够用统计的眼光发现问题、用统计的思维思考问题、用统计的方法解决问题。

《义务教育数学课程标准(2011年版)》对统计学的教育价值定位为培养学生的数据分析观念,数据分析是统计的核心[1]。以人民教育出版社出版的义务教育教科书为例,初中统计内容主要分布在七年级下册第十章和八年级下册第二十章,分为收集、整理、描述数据和处理数据两部分,涵盖全面调查、抽样调查、直方图、加权平均数、中位数、众数、方差等统计方法[2-3]。其中,七年级下册第十章第一节的“统计调查”的教育价值是了解在现实生活中有许多问题应当先做调查研究,收集数据,通过分析做出判断,体会数据中蕴含的信息,通过数据分析体验随机性[1],“统计调查”作为培养学生基于问题开展调查研究、收集数据、分析数据,发展学生随机性思想的核心内容,需要教科书内容要完整体现

① 沈威,曹广福.“统计调查”课题式教学的问题设计研究[J].教育研究与评论(中学教育教学),2022(7):33-38.

课程标准的要求,在内容编写上力求体现科学性与教育性,但细究起来,却还存在许多值得改善的地方。本研究主要围绕3个问题展开:首先,探究统计调查蕴含的深刻思想是什么;其次,教科书中"统计调查"的编写存在哪些值得改善的问题;最后,基于《义务教育数学课程标准(2011年版)》的相关要求和统计调查蕴含的深刻思想,尝试对教科书中"统计调查"内容重构设计。

2 统计调查蕴含的深刻思想

统计调查源于人类基本生存、认识世界和解决问题的需要,从最初的节绳计数到对经济、军事、人口、税务、财务、贸易等做各项研究,统计调查的广度在不断延伸、深度在不断加大。通过统计调查所得数据可揭示事物的分布形态与结构、变化规律与趋势、相互关系与影响。

2.1 问题驱动思想

什么驱动统计调查的产生与发展?古人为解决基本生存问题对相关事物做简单统计,对仅有的劳动成果加以清点和度量;奴隶社会的统治阶级为了解决对内统治管理和对外扩地掠资的征战问题,需要课税征兵,开始了对人口、土地、物资、财产、兵力等的统计。到了近代,工业革命推动着欧洲社会生产力的快速发展,各国为了国力强盛对经济、军事、人口、税务、财务、贸易等开展各项统计调查。

各种企业在不断壮大的同时社会分工也愈加精细,企业为了提升企业生产能力、激发工人劳作产出能力和促进生产要素高效搭配,需要对组织成员、各种生产机器、物资、天然资源、人口、气候以及非技术人工、资金等做统计调查。科学家为了研究各自领域的问题,运用统计学方法对气象、农业、生物、医药、物理、化学等做统计调查研究。各行各业在运用统计方法解决各自问题的同时,也更加需要丰富的、全面的和科学的统计调查方法来揭示其中的客观规律和因果关系等。当代社会,统计调查更是渗透在人类社会活动、科学研究、经济发展和国家战略等的各个层面与维度。由此可见,没有各行各业的问题就不会有统计调查,统计调查因发现问题和解决问题的需要而产生与发展。解决问题的需要使统计调查显得非常必要,表现出"为何统计"的问题驱动思想。

2.2 总体与样本思想

在人教版义务教育教科书中第十章第一节"统计调查"中,介绍了"全面调查"和"抽样调查"两种调查方法,全面调查和抽样调查都表现出总体与样本的深刻思想。统计调查的目的是研究与认识统计对象的某些相同性质的规律或相互关系,这些具有相同性质的统计对象形成的集合便是一个总体,不管是针对仅有劳动成果的清点还是大量人口或财富的统计,都要求研究者深刻地把握统计对象的总体,对总体中具有相同性质的特征予以数据化,通过对数据的分析研究，得到总体的某种规律或特点。研究过程总体表现出相对稳定性，也只有相对稳定性，才能研究与揭示其中的数量规律。如果整体不具有相对稳定性，而是流变的，则无法开展统计研究。在总体具有相对稳定性的同时，还表现出静态总体和动态总体的思想。静态总体思想是指统计要认识的现象总体的数量规律性，而不是个体现象的具体数量；动态总体思想是指统计要统计要认识的是现象总体在较长时间上变动趋势所呈现的数量规律性[4]。

对全面调查而言，总体中的所有个体的同质数据都被统计，由此得到的数据最全面，根据数据获得的结论或规律能够完全代表总体的特征。当总体中的个体数量较大，用全面调查需要投入非常大的人力、物力、财力和时间等。此外，全面调查花费的时间特别长，造成调查所得的数据失去了应有的时效性，使全面调查失去应有的意义；或者因为测量或试验对样本有破坏性，不可能进行全面调查，如电脑的抗震能力试验、灯具的耐用时间试验等。由此需要在全面调查之外寻求一种易于操作、节时省力的调查方法，即从总体抽取部分个体组成一个样本做调查，由样本推断总体——抽样调查就产生了。抽样调查的关键之一就是样本是否能够代表总体，即样本的代表性。在抽样调查中，要力求样本能够代表总体，只有样本对总体代表的程度越好，样本结构越接近总体的结构，抽样调查的效果才越好，由样本推断总体、由过去预测未来才越准确。

2.3　抽样与随机性思想

抽样调查因有许多优点，一直被人们作为取得统计资料的重要方法。在抽样调查中，要力求寻找能够反映全部信息的少量数据，使得样本较高程度地代表总体，抽样及其随机性就显得特别重要。在抽样调查时，要进行科学的抽样设计，恰当的抽样设计可以实现事半功倍的统计效果，拙劣的抽样设计会使得统计结果与实际情况大相径庭，如何才能使得抽样调查能较高程度地代表总体？我们知道，全面调查是确定性调查，抽样调查是随机性调查，为使样本能代表整体，抽样调查的科学设计要以总体中的每一个个体都等可能地被抽中为基础，即样本抽样的随机性，也因为使样本能代表整体，推动了抽样理论的深入发展。

多年来，无论是理论研究还是实践经验都充分地证明了只有随机抽样才能构筑样本代表性的基础[5]，抽样调查是一种局部调查，当对分布总体的大量样本进行调查时，它们的平均值可以看出整体的缩影。随着抽样调查的深入发展，抽样误差问题一直伴随着抽样理论的发展，英国统计学家亚瑟·里昂·鲍莱(Arthur Lyon Bowly)指出，我们用抽样法可以得出我们所愿意要的完善的结果，而且往往只要很小的样本就够了，唯一的困难就在于保证每个人或事物有被包含于调查之内的同等机会。罗纳德·艾尔默·费暄(Ronald Aylmer

Fisher)把古典概率中的等可能性引入抽样调查后指出，如果能够确保总体中的每个个体被抽到的可能性相同，就可以用很小的样本推断与预测总体。马来西亚统计学家尤葆生(You Poh Seng)指出，我们到了这样一个时代，人们可以有信心地在统计资料的搜集工作中应用抽样方法，而且把这样得来的结果看作真正“真实的统计资料”[6]。抽样调查随着总体内部个体的类型不同导致调查结果能代表总体的程度不同，由此演化出分层抽样、系统抽样和整群抽样。

3 教科书中值得商榷的问题

在日常生活或学习中遇到问题该如何解决？根据情况正确使用统计调查的方法是解决问题的方向之一。此外，统计涉及如下几个关键问题：为何统、为何计、统什么、计什么、如何统、如何计，这些问题构成了统计的本质。也就是说，统计的本质问题就是为何统计、统计什么和如何统计，表现为统计目的、统计内容和统计方法[7]。统计的本质和统计调查蕴含的统计思想构成了分析教科书编写问题的科学依据。

3.1 统计调查的根本目的是什么？

七年级教科书中的问题1是“统计调查”部分内容的起始问题，对学习该部分内容起到提纲挈领的统领性的作用，该问题的内容为“如果要了解全班同学对新闻、体育、动画、娱乐、戏曲五类电视节目的喜爱情况，你会怎么做？”问题1看似是一个问题，实则不是问题，而是一个指令，令学生“了解全班同学对新闻、体育、动画、娱乐、戏曲五类电视节目的喜爱情况”。事实上，为何有这个指令才是真正的问题，即“要了解全班同学对新闻、体育、动画、娱乐、戏曲五类电视节目的喜爱情况”的根本原因是什么？统计的根本目的是什么？是班级要组织有关电视节目内容的相关比赛？还是其他？只有把统计调查根本原因提出来，才能被称为问题，而统计调查仅是解决这个问题的一部分过程。也就是说，问题1没有揭示出“为何统计”的本质，却表现出为了统计调查而统计调查的特征，七年级教科书中用于引出“抽样调查”的问题2也存在类似问题。

3.2 为何用问卷调查的方法收集数据？

在教科书提出问题1之后，指出“为解决问题1，需要进行统计调查。首先可以对全班同学采用问卷调查的方法收集数据”。这里存在两个问题：一是统计调查的方法有哪些？为何要用问卷调查方法收集数据？二是问卷调查是解决问题1最高效、最经济的方法吗？对于问题一，收集数据的方法有很多，包括调查法、观察法、实验法等，其中调查法又包括访问调查、问卷调查与电话调查等，七年级教科书中没有告知学生这些收集数据方法，也没有给出要用问卷调查方法收集数据的原因或根据，而是直接告诉学生用“采用问卷调查的方法收集数据”，似有填鸭之嫌；对于问题二，问卷调查不是最高效、最经济的方法，因为问卷调查需要设计问卷，设计完问卷还需要打印出来发放给学生，这需要花费很多时间、人力、物力和财力，最高效、最经济的方法是“化整为零”，把一个班级划分为若干个小组进行统计调查，每个小组七八个人左右，学生用一张纸就可以很快记录和统计好，然后再汇集到班长处，所有的数据就收集到了，这体现出统计智慧。可见，教科书使用问卷调查收集数据与“如何统计”的统计本质相矛盾。

3.3　调查问卷的设计是否科学规范?

目前，问卷调查设计具有一套科学的理论体系，简单地说，问卷调查作为一种常用的统计调查手段，经常用于收集数据。调查问卷是根据调查目的由一系列问题、备选答案及说明等构成的，向调查单位或填报单位搜集数据的一种工具。统计调查的首要任务就是进行调查设计，而设计环节中的重要环节之一就是根据调查目的和内容设计出适用的调查表。问卷的结构一般包括标题、说明词、填写说明、问题、备选答案、编码和必要的注释等几个部分。其中，问卷的标题要简明扼要，点明调查目的，例如“学生学习时间投入与学习成绩调查问卷”；说明词包括对调查对象的称呼、调查人员的自我介绍、介绍调查背景、调查目的、保密承诺、作答无对错之分、配合请求和感谢语等；填写说明是对填写调查问卷的要求、方法、注意事项等进行总的说明；问题是问卷的主体部分，是调查目的和调查内容的具体体现；编码是指问卷的每一个问题以备选答案赋予数字、字母或符号代码，以便后期做统计分析；结尾部分通常是简短的几句话，包括对被调查者表示感谢等[8]。

既然教科书指出“要采用问卷调查的方法收集数据”，就应该以该内容培养学生良好的调查问卷设计知识和能力，树立科学规范的调查问卷设计意识。教科书上问卷的设计是否科学规范呢(图 1)？对照上述调查问卷组成部分的要求可以发现，教科书给出的调查问卷存在以下有待于规范的问题：一是调查问卷的标题没有点明调查目的，应该改为“学生最喜爱的电视节目问卷调查”；二是缺少说明词，没有介绍调查背景、调查目的、保密承诺、作答无对错之分、配合请求和感谢语等；三是缺少填写说明；四是调查问卷中的主体部分不是问题；而是一个指令，应该改为“在下面五类电视节目中，你最喜爱的节目是什么?”

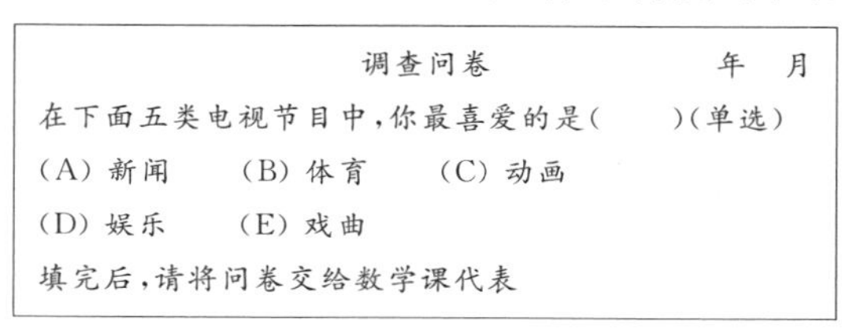
调查问卷　　　　年　月

在下面五类电视节目中，你最喜爱的是(　　)(单选)

(A) 新闻　(B) 体育　(C) 动画

(D) 娱乐　(E) 戏曲

填完后，请将问卷交给数学课代表

图 1　教科书中的调查问卷

3.4 八宝粥能否“搅拌均匀”并查看出其成分？

教科书在揭示“抽样调查”的代表性时，指出“如果抽取调查的学生很少，样本就不容易具有代表性，也就不能客观地反映总体的情况；如果抽取调查的学生很多，虽然样本容易具有代表性，但花费的时间、精力也很多，达不到省时省力的目的。因此抽取调查的学生数目要适当”。与此同时，教科书在该内容旁边给出了一个类比（图 2），类比的内容是“想了解一锅八宝粥里各种成分的比例，只要搅拌均匀后，舀一勺查看，就能对整锅的情况估计个八九不离十。你能说说这与抽取学生情况之间的相似之处吗？”

根据类比内容，教科书希望以八宝粥为例说明以部分推断整体的代表性，但是教科书在类比的同时，是否考虑过这样两个问题：一是八宝粥是否能够被“搅拌均匀”？二是当八宝粥被“搅拌均匀”后，能否了解各种成分的比例？对于问题一，八宝粥的配料表由水、白砂糖、大麦仁、糯米、芸豆、花生、绿豆、红豆、燕麦、桂圆肉、莲子、银耳、食用盐、蔗糖脂肪酸酯、三聚磷酸钠、焦磷酸钠、乙二胺四乙酸二钠、三氯蔗糖构成（图 3），其中有的配料体积较大，有的配料体积较小，有的配料性状还不同，很难把八宝粥“搅拌均匀”；有的配料溶于水，有的不溶于水，仅靠肉眼很难查看出粥里各种成分的比例。所以这个例子本身就有问题。由此，教科书举八宝粥无法揭示以部分推断总体代表性的特征。

想了解一锅八宝粥里各种成分的比例，只要搅拌均匀后，舀一勺查看，就能对整锅的情况估计个八九不离十，你能说说这与抽取部分学生估计全校学生情况之间的相似之处吗？

图 2　教科书举例类比

营养成分表

项目	每 100 克	营养素参考值/%
能量	259 千焦	3
蛋白质	1.7 克	3
脂肪	0.7 克	1
碳水化合物	12.0 克	4
钠	36 毫克	2

产品类型：八宝粥罐头
配料表：水、白砂糖、大麦仁、糯米、芸豆、花生、绿豆、红豆、燕麦、桂圆肉、莲子、银耳、食用盐、蔗糖脂肪酸酯、三聚磷酸钠、焦磷酸钠、乙二胺四乙酸二钠、三氯蔗糖。
每罐产品中添加桂圆肉 0.8～1.2 克，添加莲子 1.5～4.0 克。
产品标准代号：GB/T 3116

图 3　某八宝粥营养成分表

3.5 随意调查是随机抽样吗？

教科书指出“为了使样本尽可能具有代表性，除了抽取调查的学生数要合适外，抽取样本时，不能偏向某些学生，应使学校中的每一个学生都有相等的机会被抽到”，并举例“例如，上学时在学校门口随意调查100名学生”。由此引出一个问题：上学时在学校门口随意调查100名学生能够确保“学校中的每一个学生都有相等的机会被抽到”吗？上学时在学校门口随意调查100名学生无法确保学校里的每一个学生都有相等的机会被抽到，这里涉及随意抽样和随机抽样的本质差异。在学校门口调查学生，可能会受到学生人流量、学生到校时间、学生身高、学生性别、学生离调查员远近、学生是否有时间被调查、调查员偏好等诸多因素影响，一部分学生没有机会被调查到，造成全校学生被调查到的等可能性被破坏，即抽样调查的随机性被破坏，不管是抽取100名学生还是200名学生，都无法保证样本对总体的代表性。造成这种问题发生的根本在于抽样调查的设计没有考虑如何确保每一个学生都有相等的机会被抽到，而是按照简便性原则展开调查，从本质上来说，上学时在学校门口随意调查100名学生不是随机抽样。

4　课题式教学设计的框架

根据上述对统计调查蕴含的深刻思想、教科书内容的编写存在有待改善的问题、“为何统计、统计什么和如何统计”的统计本质，以及统计学的“立德树人”学科价值的讨论，结合学生日常学习生活特点与国家对初中学生的运动重视，恢复体育在整个教学中的重要地位[9]，可以以与学生有关的各种运动项目及其成绩的数据为背景统领初中统计内容，这种问题背景具有连续性、整体性和统领性，可以让学生理顺抽样调查和全面调查的逻辑关系。通过问题的发现、分析与解决，从完成数学的“再创造”过程，引导学生关注自己、参与运动、重视健康，树立健康理念。下面尝试给出如下课题式教学设计的框架（图4），并作具体的阐释与说明。

问题情境1：我们学校有60个班，约有3 000名初中学生。学校在筹备每年一次的全校运动会，运动会组委会为了更科学地规划运动比赛事宜，希望了解学生各项目报名的情况，如果你们是组委会成员，你们该如何设计调查方案？

评析：统计学作为一门“寄生学科”，始终以解决其他学科的问题为驱动力而发展，问题是数学的心脏，也是数学课堂教学的心脏。当重构该内容时，要把形成统计调查本原性问题的学术形态做教育形态化加工，把蕴含的深刻思想和统计学本质与学生的数学现实和生活经验相结合，重构出能揭示其思想与本质且适合学生学习的问题情境，培养学生的问题意识，让学生经历“再创造”统计方法的过程，像统计学家那样思考，体会统计思想。引导学生设计调查方案，主要从三个方面做调查计划：一是调查目的；二是根据调查目的确定调查范围；三是根据调查范围确定调查单位，是以班级为调查单位，还是以个人为调查单位，均需要详细周密地统计计划。

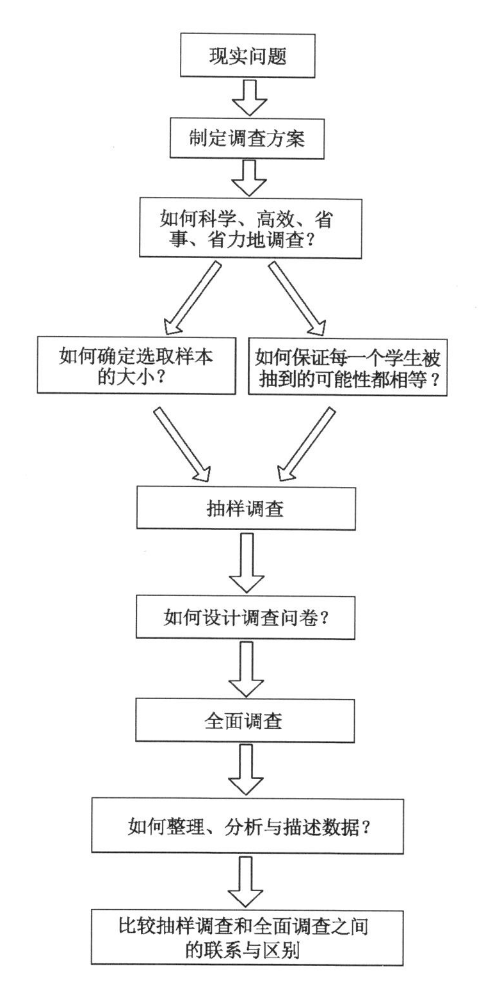

图4　课题式教学设计的框架

启发性问题1：如何科学、高效、省事、省力地调查？

评析：最科学的调查是对全校3 000名学生做全部调查，然后整理收集到的数据并分析，再统计出全校学生初中学生报名参加各项目的情况。但是由于学生人数非常多，对全校所有学生做调查会花费大量的时间、人力、物力和财力，此外由于各班的情况不同，可能有些班级因为课程安排等原因，未必能及时配合调查，容易造成调查无法如期完成。因此需要一种科学、高效、省事、省力的调查方法，对较小的一部分学生进行调查，推断出全校学生运动会的报名情况。

启发性问题2：开展这个调查的关键是什么？

评析：如果希望对较小的一部分学生调查就推断出全校学生运动会的报名情况，如何保证这一小部分学生的代表性，使得他们能够代表全校学生？也就是说，开展这个调查的关键是什么？首先要确定选取调查的人数；其次要确定选取的调查学生数是以班级为单位还是以学生个体为单位？可以得出，以班级为单位开展调查比较合适；最后也是最难的一点，是如何消除各班因特殊情况对调查带来的影响，也就是用什么方法保证各班级被抽到的可能性都相等？此处学生很难想到，需要教师给予引导和启发。

启发性问题3：调查多少个班级比较合适？

评析：全校共60个班级，为了兼顾调查的科学性，并且要高效、省事、省力地完成调查，可以选择5～10个班级作为调查对象，并对这几个班的所有学生全部进行调查，最终确定的调查班级的个数，可以由学生共同讨论决定，让学生初步感知抽样调查选取调查对象比例的过程，渗透抽样调查的代表性思想。

启发性问题4：如何保证各班级被抽到的可能性都相等？

评析：保证各班级被抽到的可能性都相等是抽样调查发展过程中的难点，这也将是学生理解的难点。可以引导学生回忆小学五年级上册学过的“可能性”内容（教科书通过抽签法、摸球法、投骰子等活动渗透等可能性思想），从中提取选取哪几个班级作为调查对象的方法（抽签法或摸球法），由此引出其中蕴含的各班级被抽到的等可能性思想，及其抽取过程中的随机思想。

启发性问题5：根据上面的调查计划过程，你们能从数学的角度界定研究过程所涉及的对象吗？能对刚刚的调查方法下一个定义吗？

评析：引导学生回顾与反思上述调查计划的过程，讨论并确定统计学概念，比如什么是总体、什么是样本、什么是样本的代表性，进一步把“等可能性地抽取一部分对象进行调查，然后根据调查结果推断全体情况的调查方法”定义为抽样调查。在此基础上，还可以引导学生运用这些讨论结果举出适当的例子，深化学生对相关概念的认识，体会抽样调查蕴含的抽样思想。

问题情境2：根据刚刚的研究，为了科学、高效、省事、省力地调查初中学生报名参加各项目的情况，通过抽样调查的方法随机地抽取9个班（60个班的15%）做全面调查，如何对这9个班做全面调查？

评析：引导学生根据调查目的，讨论如何对抽到的各班做全面调查，比如可以对这9个班学生逐个问询而获得统计结果，还可以通过发放调查问卷给这9个班的学生，通过他们的填写而获得统计结果。此外，还要引导学生讨论逐个问询和发放调查问卷的利弊，最终确定通过发放问卷来收集学生的报名信息。

启发性问题6：如何设计运动会调查问卷？

评析：调查问卷的设计有一套科学的理论体系，不能像现有教材那样教给学生一个结构不完整、设计不规范的调查问卷。可以引导学生讨论如何设计调查问卷的结构和相应的内容，问卷的结构一般包括标题、说明词、填写说明、问题、备选答案、编码和必要的注释等部分，在相应的结构上设计相应的内容，培养学生动脑动手设计调查问卷的能力与严谨、规范的意识。

启发性问题 7：假如调查到我们班，根据学生填写问卷的信息，如何分析大家的报名情况？

评析：根据问卷收集到的数据，需要对这些数据做进一步的整理与分析，如何整理与分析？引导学生探究整理与分析数据的方法与策略，包括表格排序、计数和计算分析等，为了使统计结果更加直观明了，用条形统计图和扇形统计图予以刻画，直观地研究其中蕴含的各种关系。

启发性问题 8：如果各班把调查结果报送至学校，如何分析全校的报名情况？

评析：可以类比上述数据整理与分析的过程与方法，引导学生整理与分析全校学生运动会的报名情况，为学校运动会委员会科学地规划比赛场地、安排比赛裁判和比赛时间等提供有效依据。

启发性问题 9：根据我们班的调查计划过程，你们能从数学的角度界定研究过程所涉及的对象吗？能对刚刚的调查方法下一个定义吗？

评析：引导学生回顾与反思班级内部的调查过程，讨论并确定什么是数据，什么是数据的收集、整理与分析，收集、整理与分析数据的方法与策略有哪些，如何刻画它们；引导学生界定调查全班学生的方法叫作全面调查，在此基础上，引导学生举出适当的例子，哪些调查可以使用全面调查的统计方法，哪些调查不适合用全面调查的统计方法，体会“总体”的相对性。

启发性问题 10：比较抽样调查和全面调查之间的联系与区别，你们能得到哪些认识？

评析：从数学研究一般方法的高度，再次引导学生回顾与反思，基于什么原因需要开展统计调查，基于什么原因选择何种调查方法，并把抽样调查与全面调查进行比较，包括根据调查对象的数量确定何种调查，调查方法之间的本质差异，问卷调查使用的必要性，调查数据收集、整理与分析过程涉及的方法、技巧与策略等，以提升学生对统计调查的认识水平，培养学生的数据分析能力。

参考文献

[1] 中华人民共和国教育部. 义务教育数学课程标准：2011 年版[M]. 北京：北京师范大学出版社，2012：39-42.

[2] 课程教材研究所. 数学：七年级：下册[M]. 北京：人民教育出版社，2013：135-152.
[3] 课程教材研究所. 数学：八年级：下册[M]. 北京：人民教育出版社，2013：121-130.
[4] 郭海明. 浅谈几种常见的统计思想[J]. 中国统计，2015(6)：26-27.
[5] 李金昌. 正确理解样本的代表性[J]. 中国统计，2010(8)：40-41.
[6] 陈善林，张浙. 统计发展史[M]. 上海：立信会计图书用品社，1987：218-337.
[7] 李金昌. 统计思想研究[M]. 北京：中国统计出版社，2009：27-32.
[8] 丛日玉. 调查问卷设计与处理分析：Spss 与 Excel 实现[M]. 北京：中国统计出版社 ，2017. 11：28-44.
[9] 许少雄. 如何培养初中生体育运动意识与素养[J]. 名师在线，2020(3)：58-59.

教学设计研究3:“直方图”课题式教学设计研究①

摘　要:初中数学“直方图”一章是培养学生数据思想由离散型向连续型的发展的重要内容,在分析数据内在关系方面具有重要科学价值。研究发现,初中数学七年级下册的教科书(以下简称“教科书”)上“直方图”内容的编写存在一些需要改善的问题。基于数学教学“再创造”的教学思想,围绕“直方图”蕴含的深刻思想与科学价值,结合学生的数学现实和生活现实,重构了“直方图”课题式教学设计结构,为初中阶段统计部分的教学提供一种新的教学思路。

关键词:统计;直方图;课题式教学;重构

1　问题提出

统计学能以数据表述复杂深奥的事实,并化繁为简,从大量的同类数据中揭示它们之间的深刻关系,也能基于过去的情况预测未来的情况等,是自然科学、社会科学与技术科学等重要科学的研究工具。刻画数据关系、体现数据特征与进行数据分析的主要方法有三种:第一种是文字语言或符号语言;第二种是统计表格;第三种是统计图。其中,统计学使用最多的是文字与符号语言,因其抽象性较强,让人有时不得其中的深刻含义,而表格与图形具有直观表现力,因此统计学经常使用各种统计表格和图形来展现数据关系、表现与描述数据特征。相较于统计表格,统计图不但能够刻画数据的大小关系,还能表现数据之间的相互关系,容易引起读者的兴趣,使其一目了然,即便没有统计学知识的人也能明白其中的道理,因此,统计图作为反映数据变化规律及其因果关系的重要工具,主要包括折线图、柱状图、饼图、直方图、散点图、正态分布图、雷达图、茎叶图等。

直方图作为一类特殊统计图,联系着离散型与连续型统计变量,在统计图中具有特殊的地位。直方图包括频数分布直方图与频率分布直方图:频数分布直方图是频率分布直方图的基础,是把离散型数据转化为连续型数据的入口;频率分布直方图是频数分布直方图的进一步深化,把无序散乱的数据表示为频率密度曲线,是样本估计总体的重要工具。在初中阶段,学生主要学习的统计

① 沈威,曹广福.“直方图”课题式教学设计研究[J].教育研究与评论:中学教育教学,2020(11):70-74.

图是直方图，且是频数分布直方图，鉴于直方图的重要科学价值，《义务教育数学课程标准(2011 年版)》对统计学的教育价值定位是培养学生的数据分析观念，对频数分布直方图的教学要求是了解频数和频数分布的意义，能画频数直方图，能利用频数直方图解释数据中蕴含的信息[1]。教科书内容要完整体现课程标准的要求，"直方图"作为培养学生数据分析观念的核心内容，在编写上力求体现科学性与教育性，但细究起来，却还存在许多值得改善的地方。研究主要围绕 3 个问题展开：首先，探究直方图蕴含的深刻思想和科学价值是什么；其次，教科书中"直方图"的编写存在哪些值得改善的问题；最后，基于《义务教育数学课程标准(2011 年版)》的相关要求和直方图蕴含的深刻思想与科学价值，尝试对"直方图"内容做课题式教学重构设计。

2 "直方图"蕴含的深刻思想与科学价值

2.1 统计图的科学价值

统计表格与统计图是由政治经济学之父、统计学的创始人威廉·配第(William Petty)创造的，用统计图表的方法，既极大地增强了表现数量特征的能力，可能更直观明了地把数量信息表现出来，以便于理解和把握，也提供了很好的分析统计数据的手段与方法。统计表的价值在于能省去繁杂的文字叙述，通过排列数据，简化资料，凸显关系，便于分析、对比和计算数据。统计图则是把统计表中的数据直观化、图像化、具体化，更加直观地表现与分析数据。统计表格和统计图都是数据的载体，往往"不分家"，统计表可以独立于统计图，但是统计图却必须依赖统计表格，用统计图刻画数据之间的关系，比统计表更具独特的直观性，可以直观地呈现数据变化规律及其因果关系，这是统计图的重要性及其价值所在，因此有"字不如表，表不如图"的说法[2-3]。

2.2 "直方图"蕴含的深刻思想

频数分布直方图在离散型统计向连续型统计发展过程中起到重要推动作用，如果仅对具体离散的数据做频数统计，得到的则是离散型度量，不管怎么仔细地数，得到的频数始终是精确的非负整数，不会变化。与之相对的，如果把数据分组等距做频数分布，得到的则是连续型度量，得到的频数与数据分组的精细程度有关，也就是说对数据等距分组统计的频数依赖于度量的精细程度，由此就把收集的离散型数据转化为连续型统计数据，这对统计学的发展具有重要意义。连续性思想是近代数学发展的基础，是数学连续性理论运用于统计的重要载体，为统计学的发展起重要推动作用。对于连续型数据，将统计频数除以样本总数得到的是相对频数，用直方图刻画相对频数，其总面积等于 1。如果对数据的组段不断细分，确定每个小组的组中值并用光滑的曲线连接起来，其曲线公式就是概率密度函数，例如正态分布、卡方分布、t 分布和 F 分布等。其中正态分布是最特殊概率密度函数之一，其曲线被称为正态分布曲线，也被称为高斯曲线。

2.3 “直方图”的科学价值

现实问题无处不在决定了统计分析无处不在。直方图作为重要的统计分析工具，被普遍运用于解决各类现实问题。在中国知网以“直方图”为关键词搜索标题含有“直方图”的学术论文共有 1 900 余篇，涵盖计算机、临床医学、信息通信、控制工程、通用技术、电子技术、数学、统计、物理、测绘与教育等领域。直方图在医学领域，结合具体的对象，被进一步发展为表观扩散系数直方图、扩散峰度成像直方图、磁共振成像全域直方图和磁共振灰度直方图等，例如，刘强等探讨常规核磁共振形态学特征联合表观扩散系数的直方图分析鉴别眼眶良性淋巴增生性疾病与淋巴瘤的诊断价值，认为表观扩散系数图的直方图分析可进一步提高诊断眼眶淋巴瘤的效能[4]；杨梦等探讨扩峰度成像直方图在鉴别子宫内膜样腺癌临床及病理特征中的应用价值，认为直方图分析扩峰度成像参数在鉴别子宫内膜样腺癌病理特征上有一定价值[5]。可以看出，直方图在医疗诊断方面具有重要的科学价值。

3 教科书中值得商榷的问题

鉴于“直方图”内容对学生学习的重要性，教科书内容编写不但要体现内容的科学性，还要凸显学习“直方图”的必要性，并彰显深刻思想与科学价值。此外，统计的本质涉及如下几个关键问题：为何统、为何计、统什么、计什么、如何统、如何计，这些问题就构成了统计的本质问题。也就是说，统计的本质问题就是“为何统计、统计什么和如何统计”，表现为统计目的、统计内容和统计方法[2]。统计的本质和“直方图”内容蕴含的深刻思想和科学价值构成了分析教科书编写问题的科学依据。

3.1 为何要学习直方图？

教科书在“直方图”的引言中指出“我们学习了条形图、折线图、扇形图等描述数据的方法，下面介绍另一种常用来描述数据的统计图——直方图”，什么是直方图呢？一般来说，教科书在该引言之后应该呈现直方图及相关内容，但教科书上呈现的是一个与直方图没有直接关系的问题情境。由此引出两个问题：一是既然直方图是常用来描述数据的统计图，就说明它非常重要，教科书是否应该将其重要性体现出来？二是教科书基于条形图、折线图、扇形图等图形提出学习直方图，就说明直方图与条形图、折线图、扇形图有很大的不同，不同在哪里？教科书是否应该予以阐述？从教科书内容来看，没有在引言之后呈现直方图及相关内容，亦没有指出条形图、折线图、扇形图在描述数据上的局限性，而破解这个局限性的工具就是直方图。

3.2　内容编写是否忽视了主题?

教科书创设的问题情境是“为了参加全校各年级之间的广播操比赛,七年级准备从63名同学中挑选身高相差不多的40名同学参加比赛,为此收集这63名同学的身高,选择身高在哪个范围的同学参加呢?”而后,教科书指出“为了使选取的参赛选手身高比较整齐,需要知道数据(身高)的分布情况,……,为此可以通过对这些数据进行适当分组来进行整理”。教科书经过计算最大值与最小值的差、决定组距和组数、列频数分布表三个步骤之后,教科书便给出结论“因此可以从身高在155 cm至164 cm(不含164 cm)的同学中挑选参加比赛的同学。”至此,问题情境提出的问题已经解决。可以看出,问题情境所提出的问题及其解答与直方图没有任何关系,教科书却在问题解决后“强制”加入画直方图的内容,导致画频数直方图的必要性没有凸显。这反映出教科书“直方图”内容编写得不够科学,没有凸显画频数分布直方图的价值与必要性。

3.3　内容编写是否存在文不对题?

教科书在问题解决后“强制”加入画直方图的内容,指出“如图10.2-1(图1),为了更直观形象地看出频数分布的情况,可以根据表10-3(表1)画出频数分布直方图”,从教科书的这句话以及相应的频数分布表(表1)和频数分布直方图(图1)引出的问题是:频数分布直方图(图1)是根据频数分布表(表1)画出来的吗?

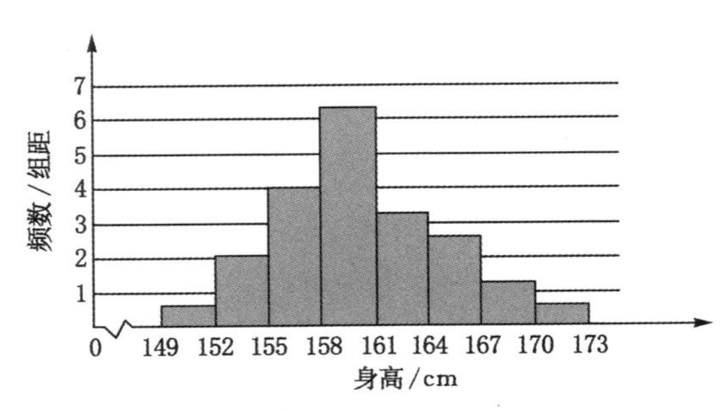

图1　频数分布直方图1

表1　频数分布表

身高分组	划记	频数
$149\leqslant x<152$	丅	2
$152\leqslant x<155$	正一	6
$155\leqslant x<158$	正正丅	12
$158\leqslant x<161$	正正正下	19

表 1(续)

身高分组	划记	频数
$161\leqslant x<164$	正正	10
$164\leqslant x<167$	正下	8
$167\leqslant x<170$	𠄟	4
$170\leqslant x<173$	丅	2

从频数分布表(表 1)可以看出,该表包括身高分组、划记和频数三列,而频数分布直方图(图 1)的横轴是身高,与频数分布表的第一列对应,但是纵轴却是“频数/组距”,不是“频数”,说明图 1 不是频数分布直方图,没有根据频数分布表画相应的频数分布直方图;此外,频数分布表中没有“频数/组距”的数据信息,教科书是如何依据频数分布表画图的呢?为何要把图 1 中的纵轴确定为“频数/组距”?其中的数据是怎么来的?“频数/组距”的统计学意义是什么?为何要算出这个数据?教科书均没有给出说明。

此外,教科书在对图 1 的阐释中指出“横轴表示身高,纵轴表示频数与组距的比值。容易看出,小长方形面积$=$组距$\times\dfrac{\text{频数}}{\text{组距}}=$频数,可见,频数分布直方图是以小长方形的面积来反映数据落在各个小组内的频数的大小,小长方形的高是频数与组距的比值”。从教科书上的这段叙述可以看出,如果读者想知道图 1 中各小组的频数分布,就需要自己计算图 1 中小长方形的面积,得出各个小组的频数,这显然与频数分布直方图可以直接读取频数的直观性矛盾。

3.4　内容编写是否存在顺序不当?

在阐释图 1 的坐标含义后,教科书进一步指出“等距分组时,各小长方形的面积(频数)与高的比是常数(组距)。因此,画等距分组的频数分布直方图时,为画图与看图方便,通常直接用小长方形的高表示频数。例如,图 10.2-1(图 1)表示的等距分组问题通常用图 10.2-2(图 2)的形式表示”。为何此处才给出频数分布直方图?事实上,教科书这一节主要研究学生身高频数分布情况,自然要在频数分布表之后画出相应的频数分布图,这是为了体现研究主旨。但是根据教科书的话语意思,似乎并不是基于学生身高频数分布表直接画出频数分布直方图,而是因为“等距分组时,各小长方形的面积(频数)与高的比是常数(组距)”,画图与看图不方便才需要画频数分布直方图,既然直接用小长方形的高表示频数的频数分布直方图画图看图方便,为何教科书不直接先画出该图呢?这不得而知,着实让读者难以理解。

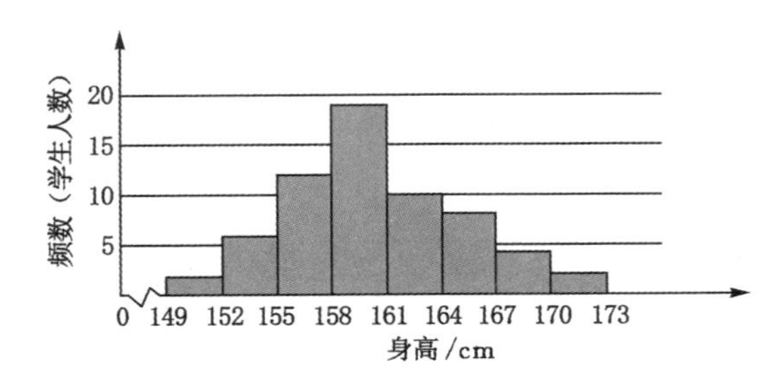

图 2　频数分布直方图 2

4　课题式教学设计的框架

我们根据直方图蕴含的数学思想与科学价值，以及教科书编写存在的待改善的问题，承接“统计调查”课题式教学设计的过程，重构“直方图”课题式教学设计。直方图作为分析与描述统计数据的重要工具，决定了我们学习直方图的根本目的主要包括两个方面：一是掌握如何用直方图分析与描述统计数据，使数据间的规律或关系得以直观地显现，并能从中读懂直方图中蕴含的统计意义；二是掌握绘制直方图的规范格式，使所画的直方图能凸显统计数据的相关特征，并能根据不同的数据特征绘制适当的直方图。故以直方图蕴含的数学思想和科学价值，以及学生的数学现实和生活现实为基础，引导学生围绕着促使理论产生的一系列问题展开，研究各项运动数据，作为评价学生健康状况、选拔选手参加比赛的依据等，通过问题的发现、分析与解决，从完成数学的“再创造”过程，引导学生关注自己、参与运动、重视健康，树立健康理念。下面尝试给出如下课题式教学设计的框架（图 3），并做具体的阐释与说明。

问题情境：我们学校运动会组委会根据前期统计调查，科学地规划了运动会比赛事宜，让全校学生更方便、更安全、更高效地参加运动会的比赛项目。本次运动会，1 500 米长跑是最受关注的比赛项目之一，共有 80 人参加了长跑比赛，他们比赛成绩的数据也出来了（图 4），你们能恰当地用统计图表分析与描述他们的比赛成绩吗？让大家直观了解长跑比赛的整体情况。

评析：统计图表的价值在于其简明性与直观性，通过统计图表可以直观地显示数据的内在关系，让人易于把握，引出“直方图”的问题情境自然要以直观了解统计数据间关系以及展示数据的整体情况为需要，凸显引出统计图表的必要性。问题情境建立在前一节“统计调查”的基础上，并进一步发展，使得各节问题情境之间保持完整性、连贯性与统领性。问题情境以 80 个学生参加 1 500 米长跑比赛成绩的数据为载体，研究如何恰当地用统计图表分析与描述比赛成绩。因为比赛成绩精确到秒的百分位，也就是小数点后两位，埋下了长跑成绩

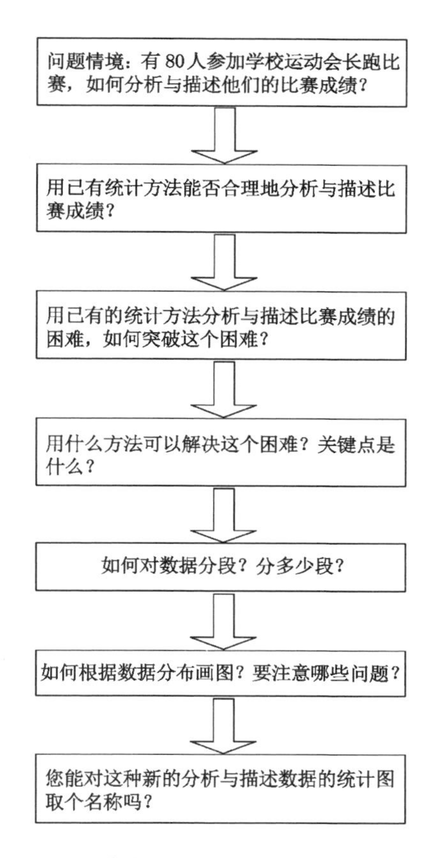

图3 “直方图”课题式教学设计的框架

6′13″	6′35″	6′23″	6′26″	6′37″	5′37″	6′1″	6′43″
7′23″	6′45″	6′28″	6′28″	6′34″	7′13″	6′32″	6′48″
7′22″	6′26″	6′34″	6′43″	6′56″	7′13″	6′15″	7′19″
6′21″	6′49″	6′19″	6′19″	6′54″	6′24″	6′45″	6′26″
6′9″	6′13″	6′35″	6′34″	6′27″	6′23″	6′17″	6′34″
6′34″	6′12″	6′12″	6′28″	6′43″	6′55″	6′37″	6′43″
7′34″	6′46″	5′49″	6′8″	6′13″	6′26″	6′52″	6′28″
6′43″	6′56″	5′45″	6′23″	6′29″	6′3″	6′23″	6′29″
6′17″	6′29″	6′23″	6′53″	6′28″	6′18″	6′27″	6′23″
5′48″	6′35″	6′15″	6′13″	6′17″	6′28″	6′39″	6′34″

图4 学生长跑比赛成绩

难以用学过的统计图表分析与描述的伏笔，为引入“分组”统计数据做好充分铺垫，这是引入直方图的数学本原。

启发性问题1：可以用哪些统计图表来分析与描述80名学生长跑比赛成绩的数据？

评析：根据问题情境提出的宏观问题自然要细化，按照课题研究的基本思路，把宏观问题具体化，并逐个予以解决。在把宏观问题具体化时，遇到的第一个问题便是学生已经学过了哪些统计图表，也就是引导学生回忆，搜索其认知结构中与统计图表相关的知识结构及其运用经验，为解决当前的问题做好充分准备，并进一步引导学生用这些统计图表逐个尝试分析与描述比赛成绩数据。在分析与描述的过程中，学生会发现原有的统计图表很难准确地处理当前的数据。

启发性问题2：用已有统计图表分析与描述比赛成绩数据的困难在哪里？如何突破这个困难？关键点是什么？

评析：学生学习过的统计图表主要是折线图、柱状图、饼图及其相应的统计表，但是这些统计图表很难准确地刻画当前的比赛数据，主要的困难在于统计图处理的数据主要都是整数，而学生长跑比赛成绩数据带有两位小数，而且部分数据比较稠密，部分数据比较稀疏，很难用以前学过的统计方法予以分析与描述。那么如何突破这个困难？当不能准确地对每个数据予以分析与描述，那就要弱化要求，能不能放弃对每个数据的统计，而是把这些数据“分组”统计，这样就可以在弱化要求的情况下对数据予以分析和描述。

启发性问题3：如何对数据分组？如何确定组距？分多少组？

评析：当确定将逐项统计变为分组统计时，就要面临这样的问题：如何对数据分组？如何确定组距？分多少组？如何分组？自然就要计算这一组数据的极差，再根据常识，一般数据越多，分的组也就越多，当数据在100个以内时，按照数据的多少，分为5～10组。如何确定组距？也就是用极差除以分组数得到相应的组距，从此作为填写频数分布表的基础，并引导学生填写频数分布表。

启发性问题4：根据频数分布表如何画频数分布统计图？

评析：引导学生类比柱状图，探究并确定以直立长方形表示若干组频数分布图，各直立长方形的高矮与各组频数成正比，计算频数分布表中相关分组数据的相应频数，确定直立长方形的高定线，再从高顶线作两条垂线与基线相交，便成为直方图[6]。

启发性问题5：你能概括出刚刚这种统计图与之前统计图之间的区别与联系吗？你能给它起个名称吗？

评析：从数学研究一般方法的高度再次引导学生回顾与反思刚刚的学习过

程，基于什么原因需要放弃原有的统计方法？基于什么原理建立新的统计图？将新的统计图与原有统计图作横向与纵向比较，包括作表过程与作图过程，以及图表之间作图需要的不同要素等，总结它们之间有何不同与联系，培养学生数学课题式研究能力与研究性思维，培养学生对直方图本质的数学理解，提升学生对直方图的认识水平与数据分析能力。

参考文献

[1] 中华人民共和国教育部. 义务教育数学课程标准：2011 年版[M]. 北京：北京师范大学出版社，2012：39-42.

[2] 李金昌. 统计思想研究[M]. 北京：中国统计出版社，2009：49-50，27-32.

[3] 杨淑秋. 会说话的统计图表[J]. 中国统计，2019(8)：65.

[4] 刘强，贾歆，耿左军，等. 常规 MRI 联合 ADC 直方图分析预测眼眶淋巴瘤的价值[J]. 临床放射学杂志，2019，38(12)：2261-2266.

[5] 杨梦，陈婷，宋佳成，等. 扩散峰度成像直方图在诊断子宫内膜样腺癌临床及病理学特征的临床应用研究[J]. 临床放射学杂志，2019，38(2)：294-298.

[6] 陈善林. 统计制图学[M]. 台湾：台湾商务印书馆，1969：110.

教学设计研究 4:高中三角函数教育形态的重构[①]

摘　要:三角函数的教育形态是能够变形式化的学术形态为学生三角函数数学思想和科学价值的三角函数内容,故重构三角函数教育形态内容要挖掘三角学术形态的思想性与科学价值,根据数学思想和科学价值建构问题情境,提炼恰当的启发性问题,引导学生再创造三角函数的内容,揭示三角函数的数学思想与科学价值。

关键词:三角函数;教育形态;问题情境;重构

1　问题提出

张奠宙先生(以下简称张先生)对数学的学术形态转化为教育形态做出了深刻论述,他认为变“冰冷的美丽”为“火热的思考”要使学术形态的数学返璞归真,从数学思想方法的高度把数学的形式化逻辑链条恢复为当初数学家发明创新时的火热思考[1]。换句话说,激发学生火热的数学思考要挖掘形成于学术形态数学中的深刻思想与科学价值,根据学生的数学现实与生活现实,重构教育形态的数学.

高中阶段的三角函数蕴含了丰富的数学思想,既是正弦定理、余弦定理的基础,也是高等数学中傅里叶级数、小波分析和泛函分析等的重要基础,可见三角函数在数学研究和科学研究中的重要地位与作用。就目前来看,三角函数的相关研究主要表现为四大主题:① 三角函数教科书的比较研究,按照时间发展的纵向顺序对一段时期内三角学教科书的三角函数的定义方式、图像、诱导公式等历史变迁做比较研究[2],或者按照相同时间、不同国家的横向关系,对两国或多国之间三角函数教科书的内容顺序、数学概念、核心定理、知识结构与呈现方式等做比较研究[3-4];② 三角函数内容理解的实证研究,选择数学专业大学生为被试编制问卷对高中三角函数的内容深度进行研究[5],或者选择高中学生为被试编制问卷研究高中学生对三角公式的理解情况[6];③ 三角函数的教学设计分析,以国内三角函数教科书为对象,剖析各教学环节存在的问题,根据教学经验建构教学设计[7-8];④ 三角函数教科书内容编写的研究,对三角函数相关定义的确定或对三角函数教科书内容体系改编的论证研究[1,9-10]。可以看出后两个

① 沈威,曹广福.高中三角函数教育形态的重构[J].数学教育学报,2017,26(6):14-21,71.

主题与三角函数的教学或教育形态化有关系，但其研究内容很少从思想性与科学价值的高度探讨三角函数教育形态化。鉴于三角函数的深刻思想与科学价值对学生数学思维发展的重要意义，有必要对三角函数教育形态化深入研究.

研究主要围绕 4 个问题展开：① 三角函数的深刻思想与科学价值是什么；② 完善与建构已有三角函数教育形态化的理论框架与基本路径；③ 当前教科书中三角函数内容存在哪些问题；④ 三角函数的教育形态的重构。

2　三角函数的深刻思想和科学价值

任何知识的产生与发展都是源于解决问题或自身逻辑发展的需要，知识蕴含的思想性与科学价值就体现在解决问题的过程中，三角函数的发展也不例外。虽然三角函数源于天文学，但在刻画物体振动、波的传播过程方面有着极大的科学价值。

2.1　三角函数的深刻思想

在天文学发展初期，为农业编写历书需要测量与计算天体之间的距离，在测量与计算天体之间的距离的过程中，逐渐抽象出以三角形为背景的静态几何问题，任意一个三角形问题都可以转化为直角三角形问题，也就是任意一个三角形问题都可以通过直角三角形来解决，所以测量与计算天体之间的距离就转化为研究直角三角形的问题。在求解直角三角形中，先贤们发现当固定一个锐角，形成的直角三角形的边之比是不变量，由此形成锐角三角函数的概念[11]。而由测量与计算天体之间距离的天文学逐渐独立成为天文学的一个分支——恒星天文学。由此可见，初中阶段锐角三角函数蕴含着当固定一个锐角，形成的直角三角形的边之比是不变量的思想。

随着恒星天文学的发展，人们逐渐研究天体之间旋转运动关系，其中太阳、地球和月亮之间的旋转关系是最基本的三体模型。在太阳、地球和月亮公转与自转过程中，计算何时出现日全食，何时出现月全食，也就是研究如何把天体的旋转运动转换为直线运动，并探讨旋转的天体在旋转过程中所处的位置等，由此便形成高中三角函数的内容。可以看出，高中三角函数蕴含着旋转运动与直线运动的关系，质点在旋转过程中所处的位置等。

三角学有两个重要的图形——内摆线和外摆线，内摆线和外摆线产生于天文学的研究。当半径为 r 的圆沿着半径为 R 的固定圆的内边缘转动时，其上一定点的运动轨迹是内摆线，内摆线的参数方程是 $x=(R-r)\cos\theta+r\cos\phi$，$y=(R-r)\sin\theta-r\sin\phi$；当半径为 r 的圆沿着半径为 R 的固定圆的外边缘转动时，其上一定点的运动轨迹是外摆线，外摆线的参数方程是 $x=(R+r)\cos\theta+r\cos[(R+r)/r]\theta$，$y=(R+r)\sin\theta-r\sin[(R+r)/r]\theta$，其核心是正弦函数和余弦函数[12]。内摆线和外摆线对研究和解决周期现象问题具有重要的科学价值，设计齿轮形状的基础就是内摆线和外摆线。可见三角函数与天文学之间关系密切，天文学为三角函数的发展提供场域，也为揭示三角函数的思想性提供场域。

三角函数在数学上逐渐发展出三角级数等，但是三角级数一直和恒星天文学形影不离，数学家们把三角级数运用于恒星天文学的研究，通过恒星天文学的研究促进了三角级数的发展。三角级数之所以在恒星天文学中有用，本质在于三角级数是周期函数，而天文现象大都呈周期性。将三角级数运用于恒星天文学要确定恒星在介于观测到的位置之间的位置，也就是偏微分方程中的插值问题。最早研究差值问题的是莱昂哈德·欧拉(Leonhard Euler)，他把已经得到的方法用到行星扰动理论中出现的一个函数上，得到函数的三角级数表示[13]。人民教育出版社出版的三角函数教科书也专门设置篇幅讨论三角学与天文学的关系[14]。可以看出，三角函数与恒星天文学之间具有孪生性，没有恒星天文学就没有三角函数，如果三角函数得不到发展，恒星天文学就很难发展。换句话说，没有旋转运动与直线运动关系和质点在旋转运动所处位置等的研究，就无法揭示三角函数的深刻思想。

2.2　三角函数的科学价值

振动无处不在决定了波的无处不在。只要物体发生振动，就会形成波动，一切波动都是某种振动的传播过程。以波的形式传播的还有电波和光，波分为横波和纵波：像收音机、电视机、手机通信波以及眼睛感受到的光、红外线等都属于电磁波，它们具有相同的物理性质，这些电磁波在真空中传播速度都是 3×10^5 m/s，在电磁波中，电场和磁场的强度随时间变化而变化，且它们的方向与波的传播方向垂直，这样的波叫作横波；像声音等利用空气等介质密度高低传播的，波的传播方向与振动方向相同的波叫作纵波。横波中电场和磁场在与前进方向垂直的上下方向上变化，用图形表示就是正弦函数的图像，纵波中密度的变化用图形表示出来也是正弦函数。因此，不论是纵波还是横波，都可以利用正弦函数表示。由多个简单的波复合而成的复杂波形是傅里叶变换的基础，或者说研究简单波形合成复杂波的频率和强度的数学方法就是傅里叶变换。

傅里叶变换是傅里叶在研究“热传导法则”问题时开始用到的，他发现再复杂的现象也是由简单的现象组合在一起而形成的。受此启发，复杂的波也是由多个简单的波复合而成。1965 年，约翰·图基(John Turkdy)和约翰·库利(James W. Cooley)根据离散傅里叶变换的奇、偶、虚、实等特性，也就是利用三角函数基本性质的组合，对傅里叶变换的算法进行改造，一种高效的傅里叶变换——快速傅里叶变换 FFT(fast fourier transform)被提出，傅里叶变换随着 FFT 和计算机的发展，很快在各领域获得应用。例如，医院使用的心电图仪器就是通过波的形状把病人心脏跳动直观地表示出来。傅里叶分析的核心是傅里叶定理,它是所有周期现象的核心。傅里叶把傅里叶定理扩展到非周期函数,把非周期函数看成周期函数的极限情况,这个想法对量子力学的发展具有重大影响。但是不管怎样都离不开正弦函数和余弦函数,正弦函数和余弦函数是三角级数和傅里叶分析的核心[12]。

3 高中三角函数教育形态化的理论框架与基本路径

高中三角函数的教学既不能直接把上述三角函数的深刻思想与科学价值直接告诉学生,也不能把三角函数的相关形式化概念陈述给学生,否则,学生只能机械地记忆相关内容。这既不符合学生学习数学的心理特点,也违背了《普通高中数学课程标准(2017 年版 2020 年修订)》中倡导引导学生探究发现的教学理念[15]。只有恰当地把三角函数蕴含的深刻思想与科学价值教育形态化,才能让三角函数知识及其深刻思想与科学价值在学生的数学认知结构中通透圆融地生成。

对于三角函数教育形态化,张先生给出如下建议:三角函数的教学,从静态的正弦定理、余弦定理到动态的周期变化、潮水涨落、弹簧及波的振动以及在轴上均匀旋转的轮子边缘上荧光点的运动等现象,把代数式、三角形、单位圆、投影、波、周期等离散的领域联系在一起。正是三角函数使它们形成一个有机整体,同时它们也是三角函数在不同侧面的反映。因此对于三角函数的教学必须通过再创造来恢复学生火热的思考,使之返璞归真。让三角函数丰满起来,才能把教科书上定义—公式— 图像—性质—应用,这种冰冷的美丽变成学生丰富的联想,使学生在某一领域孤立的学习的主题能迁移到另一领域中[1]。

可以看出,张先生的三角函数教育形态化建议较为宏观,可操作性不强。例如,张先生指出“火热的思考应该提高到‘数学思想方法’的高度上来”,却未给出三角函数蕴含的数学思想与科学价值,也没有指出如何把三角函数的数学思想与科学价值“落脚”,以供学生“火热地思考”。基于此,有必要完善张先生“三角函数教育形态化”的理论框架,明确其基本路径,不但使三角函数教育形态化具有可操作性,也为其他数学内容教育形态化或者评价教科书良莠带来启发。

张先生的“数学学术形态与教育形态”理论来源于著名数学教育家弗赖登塔尔(Hans Freudental)的数学教育思想,发展三角函数教育形态化的理论框架与基本路径自然要以弗赖登塔尔的数学教育思想的核心“数学教育是数学的再创造”为基础。张先生已经指出数学学术形态向教育形态转化要提高到数学思想方法的高度,所以要先挖掘三角函数的深刻思想与科学价值;三角函数的深刻思想与科学价值要有适当的“落脚点”,才能为学生的再创造提供思想材料,这个“落脚点”便是建构问题情境;有了问题情境,学生未必就能实现再创造,还需要教师创造适当的启发性提示语启发学生的思维方向，再创造出三角函数的学术形态，揭示三角函数的深刻思想与科学价值。

其中，三角函数教育形态化的难点在于其问题情境的建构。在天文学中，计算什么时候出现日全食，什么时候出现月全食，太阳、地球、月亮在公转与自转过程中，计算任意一个时刻太阳、地球、月亮所处的位置，就必须要建立任意角、弧度制、任意角的三角函数等概念，决定了三角函数问题情境背景要有统领性。在统领性的背景下建构问题情境能够随着知识不断生成而衍生出具有一定逻辑层次的新的问题情境，即问题情境之间要具有连贯性。此外，问题情境还要联系学生的生活现实或数学现实，否则学生在理解问题情境背景时需要花费大量时间，无法在有效时间内透过问题情境建构知识并揭示相应的数学思想与科学价值。所以三角函数问题情境要同时具备4个要素：问题情境要蕴含三角函数的深刻思想和科学价值；问题情境的背景具有统领性；问题情境之间具有连贯性；问题情境要联系学生的生活现实或数学现实。图1直观地表示三角函数的学术形态向教育形态转化的理论框架和基本路径.

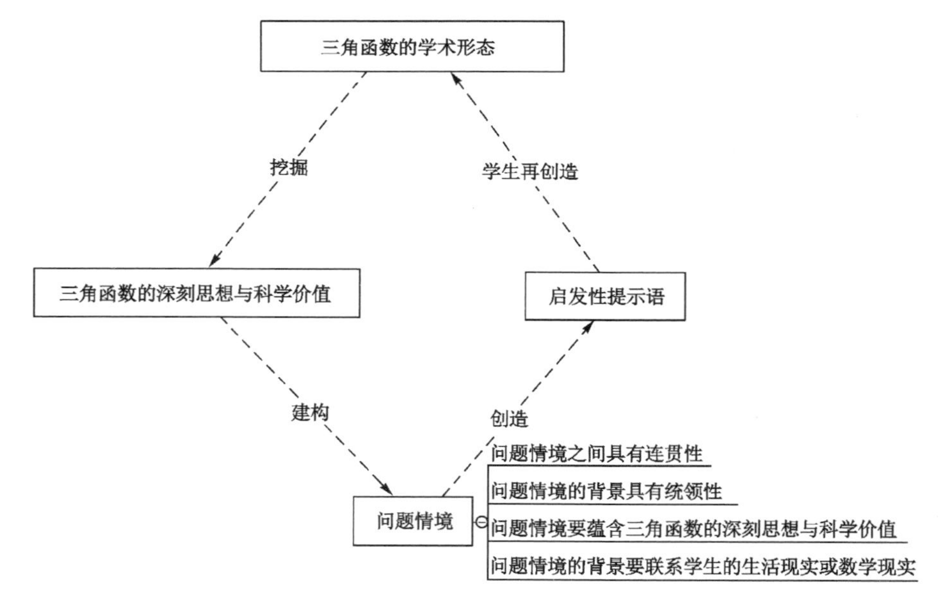

图1　三角函教育形态化的理论框架与基本路径

4　当前教科书中三角函数的问题情境不真实且碎片化

依据三角函数教育形态化的理论框架与基本路径，可以发现教科书中内容存在诸多问题，下面以某高中数学教科书必修4“三角函数”一章的任意角、弧度制、任意角的三角函数和诱导公式的问题情境为例予以分析[14]（表 1）。

表 1　某高中数学教科书必修 4“三角函数”一章创设的问题情境或问题

章节名称类别	问题情境的背景	问题或问题情境
任意角	手表快了或慢了	你的手表慢了 5 min，你是怎样将它校准的？假如你的手表快了 1.25 h，你应当如何将它校准？当时间校准后，分针旋转了多少度？
弧度制	不同度量单位制	度量长度可以用米、英尺、码等不同的单位制，度量质量可以用千克、磅等不同的单位制。不同的单位制能给解决问题带来方便。角的度量是否也能用不同的单位制呢？
任意角的三角函数	用平面直角坐标系中角的终边上的点的坐标表示锐角三角函数	我们已经学过锐角三角函数，知道它们都是以锐角为自变量，以比值为函数值的函数。你能用直角坐标系中角的终边上点的坐标来表示锐角三角函数吗？
诱导公式	三角函数的定义；圆的对称性	由三角函数的定义，可以知道：终边相同的角的同一三角函数的值相等。由此得到一组公式（公式一）； 我们利用单位圆定义了三角函数，而圆具有很好的对称性。能否利用圆的这种对称性来研究三角函数的性质呢？例如，能否从单位圆关于 x 轴、y 轴、直线 $y=x$ 的轴对称性及关于原点 O 的中心对称性等出发，获得一些三角函数的性质呢？

从问题情境蕴含三角函数思想性和科学价值的角度来看，高中三角函数的深刻思想是旋转运动与直线运动的关系、质点在旋转过程中所处位置等，科学价值是三角函数刻画了物体振动、波的传播等周期现象。但是从教科书上这四节内容的问题情境来看，均没有涉及旋转运动与直线运动关系、质点在旋转过程中所处位置的内容，也没有因需要刻画周期现象而创造新概念、新命题、新公式的内容。

从问题情境的背景统领性角度来看，教科书上这四节内容问题情境的背景是手表快了或慢了、不同度量单位制、用平面直角坐标系中角的终边上的点的坐标表示锐角三角函数、三角函数的定义与圆的对称性，这些问题情境的背景各不相同，相互之间缺乏联系，不能相互统领，这就决定了无法把它们联系在一起视为一个具有统领性的问题情境背景。

从问题情境之间连贯性的角度来看，教科书上这四节内容问题情境的背景没有统领性，决定了由这些背景形成的问题情境之间缺乏连贯性。例如，“弧度制”的问题情境是长度有不同的单位制、质量有不同的单位制，不同的单位制能给解决问题带来方便，所以要给角的度量“创造”一个单位制，但是该问题情境没有给出角度制解决问题带来不便的例子或问题，为何要给角的度量“创造”一个新的单位制？新“创造”的单位制何以能给角的度量带来方便？仅仅因为长度有不同的单位制、质量有不同的单位制，就要强制给角的度量增加一个单位制，似有“东施效颦”之嫌，存在逻辑矛盾。一个有逻辑矛盾的问题情境自然无法跟其他问题情境建立顺畅的连贯性。

从问题情境联系学生的生活现实或数学现实角度来看，“任意角”的问题情境以学生手表慢了 5 min 需要校准为问题，考查学生如何校准手表，而后问学生“如果你的手表快了 1.25 h 你应当如何将它校准？当时间校准后，分针旋转了多少度？”，从目前情况看，学生很少戴有时针/分针的机械表或者石英表，大都是表盘上直接显示时间数字的数码电子表，或者学生直接使用手机上的数码电子表，这类数码表精度高，不会出现快或慢的情况。也就是说学生在现实生活中很少接触到带有时针/分针的手表，从这个角度看“你的手表慢了 5 min，你是怎样将它校准的？”的问题，无法获得预期的问题驱动效果，学生只需要回答“把数码电子表上的数字进行调整”即可。同样的，对于“假如你的手表快了 1.25 h，你应当如何将它校准？”，也是同样的回答。虽然学生能够计算出手表慢了 5 min 分针旋转了多少度，但是该问题情境脱离了学生的生活现实，如果把“手表”改为“钟表”效果要好得多，因为大部分学生的家里都有有时针/分针的钟表。

仅在问题情境部分，教科书就存在诸多问题，这对把教科书当作教学和学习重要参考的教师和学生来说有严重的不利影响，有必要重构三角函数的教育形态，为三角函数的教学和学习提供新的视角。

5　三角函数教育形态重构框架

5.1　三角函数教育形态重构的基本思想

高中三角函数蕴含了旋转运动和直线运动的关系以及质点在旋转过程中所处位置的思想性。三角函数在刻画物体振动、波的传播过程的科学价值，应该在重构的问题情境中揭示，这决定了创设的问题情境既要揭示三角函数的思想性，还要能体现三角函数的科学价值。天文学背景比较复杂，且超出学生的生活现实与数学现实，不宜直接引入，需要更换问题情境的背景并作适当简化. 根据三角函数建构问题情境的 4 个要素，从高中三角函数蕴含的深刻思想与科学价值和学生的生活现实出发，以汽车车轮与里程表系统为背景建构问题情境，汽车车轮与里程表之间的关系蕴含了旋转运动和直线运动的关系、质点在旋转过程中所处位置的思想性，车轮上质点随汽车向前平移过程中相对于车轴留下的轨迹，直观地揭示了波的传播过程，既满足了学生的生活现实和数学现实，还能同时揭示三角函数的思想性和科学价值。从这个意义上说，以汽车车轮与里程表系统之间关系作为统领的高中三角函数的问题情境比较恰当。

下面以任意角、弧度制、任意角的三角函数和诱导公式四节内容为例，把汽车车轮与里程表之间关系进一步细化为 4 个子问题情境(图 2)，不同问题情境揭示不同知识的数学本质。

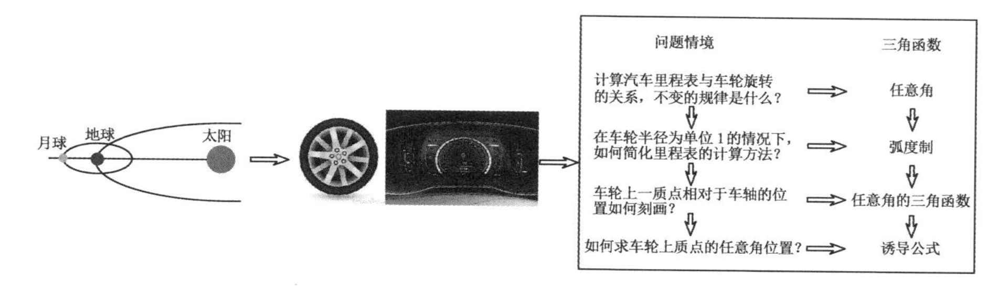

图 2　高中三角函数教育形态重构思路结构图

5.2　任意角教育形态的重构

要揭示“揭示旋转运动和直线运动的关系、质点在旋转过程中所处位置”的思想，任意角的问题情境可以建构为：

在天文学中，计算何时出现日全食、月全食，需要计算太阳、地球和月亮所在的位置，这是一个有趣而又复杂的问题，且太阳、地球和月亮位置关系的原理在我们生活也很常见。例如，我们都坐过汽车，汽车里程表记录了汽车所行驶的路程，里程表数和车轮就蕴含了太阳、地球和月亮位置关系的原理(图 3)，我们可以通过研究汽车里程表与车轮之间的关系，间接研究太阳、地球和月亮之间的关系原理。

图 3　汽车车轮和里程表

如果车轮的半径是 0.3 米，如何计算里程表上的数据？如果车轮的半径是 0.25 米，如何计算里程表上的数据？如果车轮的半径是 1 米呢？如何计算里程表上的数据？其中变的是什么？不变的是什么？你发现了什么规律？

评析:要解决问题情境中的问题,不仅要把上述问题情境抽象为“旋转运动和直线运动关系”的数学问题,为此还需要建构角的动态定义,规定角的旋转方向,当车轮旋转超过一周后,原有角的范围 0°～360°就难以回答问题,需要扩展角的范围,建构任意角的概念等.伊莱·马奥尔(Eli Maor)指出“没有人知道要按逆时针方向测量角的习惯起源于哪里。这可能来源于我们所熟悉的坐标系统:如果逆时针旋转 90°将会从正 x 轴转到正 y 轴,但是顺时针旋转 90°将会从正 x 轴转到负 y 轴。当然这种选择完全是任意的,如果我们最初让 x 轴指向左边为正,或者 y 轴指向下边为负,那么情况就截然相反了。甚至‘顺时针’这个词也是有歧义的,几年前我看到过一个‘逆时针时钟’的广告,时钟的指针尽管反着走,但是却能完全正确地告诉你时间[12]”,所以在规定角旋转方向时,要发挥学生的创造力,先让学生自己规定角的方向,在此基础上引导学生认识到人们习惯于规定按逆时针方向旋转的角为正角。

启发性问题 1:如何计算汽车里程表的数据?能不能把问题情境抽象为数学问题(图 4)?

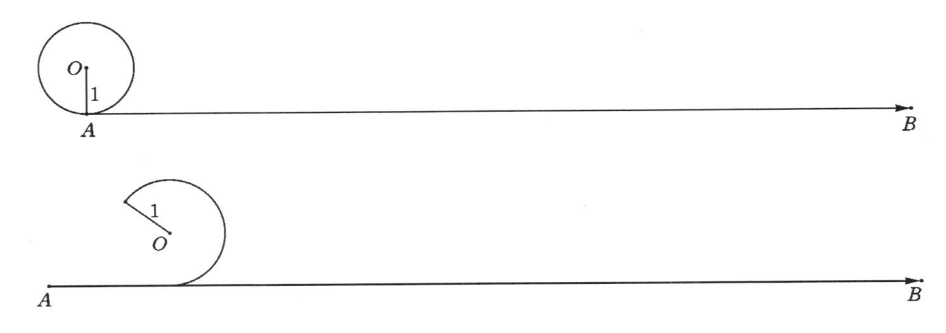

图 4　汽车车轮转动圈数与汽车里程表的计算转换图

评析:引导学生阅读材料,把问题情境数学化为具体的数学问题,培养学生的数学阅读能力和抽象能力,体会“旋转运动和直线运动关系”的思想。在此基础上启发学生认识到解决这个问题,准确刻画车轮上一点的旋转,不仅要定义角,还要知道该点旋转的度数、方向,当车轮旋转超过一周时要推广角的范围,需要建构角的动态定义,根据角的旋转方向定义正角、负角、零角,推广角的范围等,这些概念都是因为解决问题的需要而产生的必然的结果.

启发性问题 2:能不能从动态的、旋转的视角对角做出定义?

启发性问题 3:角的始边是如何旋转的?如何刻画?

启发性问题 4:当角的始边旋转超过一周,如何刻画?

评析:定义动态的角、正角、负角、零角,推广角的范围后,还不能计算汽车里程表的数据，因为在刻画车轮旋转量这个问题上存在争议，不同的学生选择角的始边可能不一样，给研究问题带来一定的复杂性，有必要统一角的始边，即角的始边标准化。

启发性问题5：不同的学生规定角的始边可能不同，这会给研究问题带来什么影响？如何解决？

评析：至此，学生再创造了诸多概念，规定了角始边的方向，而创造概念的目的是解决最初的问题，还需要引导学生回到最初的问题上。

启发性问题6：如何计算汽车里程表的数据？其中变的是什么？不变的是什么？你发现了什么规律？

评析：通过解决问题，引导学生认识角的终边在周而复始地旋转，初步体验“周期性”思想。

5.3 弧度制教育形态的重构

对于弧度制在微积分中的重要价值，即$\lim\limits_{\theta\to 0}\frac{\sin\theta}{\theta}=1$，人们的看法比较一致。但是在中学阶段的三角函数中引入弧度制的原因，人们对此看法不一，主要有三类说法：说法一是“将角的范围推广到任意角是为了建立三角函数概念，自然想到定义一个函数有什么要求？高中阶段把函数定义为两个实数集之间的对应关系，而实数的进位制是十进制。如果沿用锐角三角函数的做法，角的度量采用六十进制的角度制，则与函数定义的要求不符。因此，需要引入角的新度量制，而且必须是十进制，其单位应与实数的单位一致，从而使三角函数的自变量、函数值都是实数”[16]。说法二是“度量长度可以用米、英尺、码等不同的单位制，度量质量可以用千克、磅等不同的单位制。不同的单位制能给解决问题带来方便，角的度量是否也能用不同的单位制呢？”[14]。说法三是“用弧度的唯一原因在于它简化了许多公式。例如，如果一个圆心角的角度为θ弧度，那么它对应的圆弧的弧长可以表示成$s=r\theta$，但是如果单位改为度，那么相应的公式就变为$s=\pi r\theta/180$。同理，一个角度为θ弧度的扇形面积为$A=r2\theta/2$，如果单位改为度，则扇形面积为$A=\pi r2\theta/360$。弧度的应用去除了这些公式中‘多余’的因子$\pi/180$”[12]。对于说法三，人民教育出版社出版的普通高中课程标准试验教科书《数学4(必修　A版)》中“弧度制”内容指出“由例3看出，采用弧度制时，弧长公式和扇形面积公式简单了，这正是引入弧度制的原因之一”[14]，遗憾的是，教科书中放弃了这一引入弧度制的方式，选择了说法二。

说法一比较牵强，原因在于函数定义历经数次发展演变，均是因为原有函数定义不能涵盖函数的所有对象，必须要发展以适应所有的具体函数。而说法一则把函数定义视为一成不变的，所有具体函数必须满足函数定义，如果不满足，则要自我调整，相对于函数概念的发展历程，无法作为三角函数引入弧度制的必然选择。对于说法二，前面已经分析了这种说法的矛盾性。对于说法三，弧度制简化了计算公式，我们认可这种说法，简化公式一直是数学的追求，简化公式能为计算带来极大的便捷性，在天文学中计算日全食、月全食时，简化公式就是优化算法，能加快计算速度，这在计算机出现之前显得尤为重要。同时，弧度制将旋转运动形成的弧长与直线运动形成的线段建立一一对应关系，把角与弧长建立等价关系，为旋转运动转化为直线运动建立桥梁，体现了重要的科学价值。这在汽车里程表的数据计算上，简化角度制下的弧长计算公式，在汽车车轮与里程表系统为背景的问题情境中依然显得非常必要与自然.

获得弧度制之后的内容，例如，弧度制与角度制之间的比较、互化，给弧度制下的角规定方向，将弧度制下角的集合与实数集之间建立一一对应关系等，人民教育出版社等出版的普通高中课程标准试验教科书《数学 4(必修　A 版)》都已经给出了比较好的参考，因此，本部分仅探讨弧度制的生成。

弧度制的问题情境可以建构为：

在任意角部分，探究了汽车里程表数据与车轮之间的关系，你们是如何计算的？计算的式子是否复杂？观察式子，能不能找出规律，简化计算过程？

启发性问题 1：对于半径为 0.3 米的车轮，设车轮转过的角度为 $\theta_1°$，则 $l_1=\frac{0.3\cdot 2\pi\theta_1}{360}$，对于半径为 0.25 米的车轮，设车轮转过的角度为 $\theta_2°$，则 $l_2=\frac{0.25\cdot 2\pi\theta_2}{360}$，对于半径为 1 米的车轮，设车轮转过的角度为 $\theta_3°$，则 $l_3=\frac{1\cdot 2\pi\theta_3}{360}$，大家能不能找出这些式子的规律，简化这些式子？

评析：引导学生把注意力放在已有的式子上，观察式子的结构，找出式子不变的部分，根据不变性对式子做出新的规定与定义。

启发性问题 2：若令角 $\alpha_1=\frac{2\pi\theta_1}{360}$，角 $\alpha_2=\frac{2\pi\theta_2}{360}$，角 $\alpha_3=\frac{2\pi\theta_3}{360}$，即角 $\alpha=\frac{2\pi\theta}{360}$，即 $l=\alpha r$，也就是角 $\alpha=\frac{1}{r}$，它的数学意义是什么？若把 α 称为 α 弧度的角，那么单位弧度的数学意义是什么？你能对弧度下一个定义吗？

评析：通过 α_1、α_2、α_3、α 等的具体转化过程，使得弧度制转化过程可视化，促进学生对于弧度制形成的体验与感悟，对于角 $\alpha=\frac{l}{r}$数学意义的探究，有利于学生形成关于单位弧度的认知基础，使得学生对弧度定义的再创造成为可能，学生探究出 $\alpha=\frac{l}{r}$之后，再研究单位弧度的数学意义，对于学生理解弧度制的数学本质具有重要意义，而弧度的定义“把长度等于半径长的弧所对的圆心角叫作1弧度的角”的数学本质就被揭示出来了，弧度的概念便从学生的数学认知结构中流淌出来，与相关教科书中直接抛出弧度的定义完全不同。之后便可以对弧度的单位命名，对弧度制的定义等进行界定。

启发性问题3：在弧度制下，汽车里程表数据的计算公式是什么？在弧度制下，还有哪些公式还可以简化？

评析：因简化公式的需要，建构了弧度、弧度制等概念，这些概念是为解决问题服务的，启发性问题3则是引导学生回到并解决问题情境的问题。弧度制的形成过程主要培养了学生的纵向思维，而“在弧度制下，还有哪些公式还可以简化”则是培养学生的横向思维，弧长公式、扇形面积公式等均和圆心角有关系，这里放弃相关教科书上例题证明的形式，而是以问题的形式提出，培养了学生触类旁通、举一反三的横向思维。

5.4　任意角的三角函数教育形态的重构

任意角的三角函数在三角学中具有重要地位，在教学过程中，引导学生认识到因研究问题的需要而建构任意角三角函数历来都是教学的重点和难点。本文则把注意力放在此处，即引导学生认识到因研究问题的需要而建构任意角三角函数。定义任意角的三角函数、讨论三角函数在平面直角坐标系四个象限的符号等，相关教科书给出了较好的参考，这里不再赘述。

问题情境：因为探究何时出现日全食、何时出现月全食，我们研究了汽车里程表数据与车轮之间的关系，获得了任意角和弧度制的概念，现在运用任意角和弧度制能否计算何时出现日全食、何时出现月全食了？还不能，因为仅有任意角和弧度制还不能确定任一时刻太阳、地球和月亮的位置，但是这为我们的进一步研究奠定了坚实的基础。太阳、地球和月亮在公转时都是在做近似圆周运动，确定任一时刻太阳、地球和月亮的位置，就相当于车轮上一质点在任意角度所处的位置，如果把车轮半径视为单位1，你能用数学方法刻画车轮上一质点所处的位置吗(图5)？

评析：汽车通过车轮旋转驱动汽车向前或向后运动，把车轮上一个点视为一个质点，它绕着车轴旋转。车轮旋转使得车轮做圆周运动推动汽车向前做平移运动，也就是旋转运动转变为直线运动，在汽车向前平移的过程中，车轮上的质点所处位置时刻发生变化，本质上是一个质点绕着一个正在做直线运动的质点做旋转运动的问题。把这个情境数学化，就是车轮上质点的横坐标是汽车平移的位移，而质点的纵坐标就是汽车平移位移的正弦值。当汽车在行驶过程中，车轮不断旋转使得汽车平移的自变量在逐渐增加或减小，超出了锐角的范围，因此需要定义任意角的正弦函数。同时，在汽车向前平移的过程中，质点绕

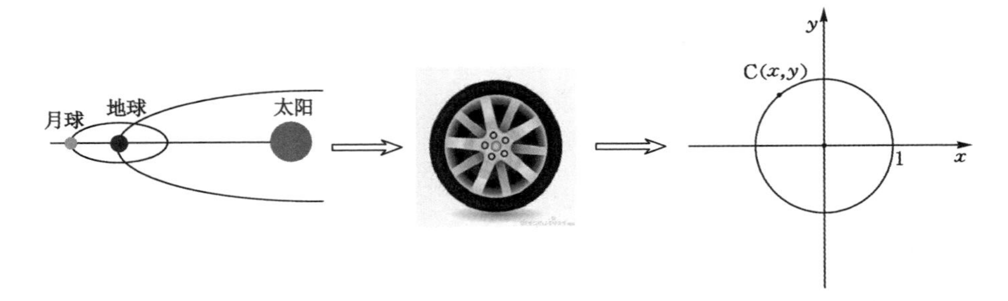

图 5　三角函数研究关系图

着车轮中心旋转的角度在不断增加，如果问题指向质点绕车轮中心的相对位置是什么，这就需要同时定义任意角的正弦函数和余弦函数。由此，建构任意角三角函数概念的必要性就被清楚揭示出来了。

启发性问题 1：车轮上一质点绕车轴旋转有什么特点？旋转形成的轨迹是什么？

评析：根据问题情境，启发学生认识到车轮上一质点做匀速圆周运动，呈周期性变化，旋转形成的轨迹是圆周，这为下面研究任意角三角函数提供抽象基础。当学生把单位圆抽象出来后，便可以引导学生建构任意角三角函数的过程了。虽然已经获得 C 点的轨迹是单位圆，但是如何刻画 C 点的横坐标和纵坐标还存在突破的空间，特别是横坐标和纵坐标的自变量。人民教育出版社等出版的教科书均是直接给出 $C(\sin\alpha, \cos\alpha)$，自变量就是角的终边旋转量 α。这里有一个疑问，即虽然角的终边旋转量为 α，那么 E 点的横坐标和纵坐标的自变量一定是 α 吗？为了引导学生认识这个问题的本质，自然引出启发性问题 2。

启发性问题 2：现在假设车轮中心在 x 轴上，车轮半径为单位 1，视车轮所在的圆上一质点 A 与平面直角坐标系原点 O 重合。当汽车行驶时，质点在平面直角坐标系中的坐标 $E(x,y)$ 如何表示(图 6～图 8)？

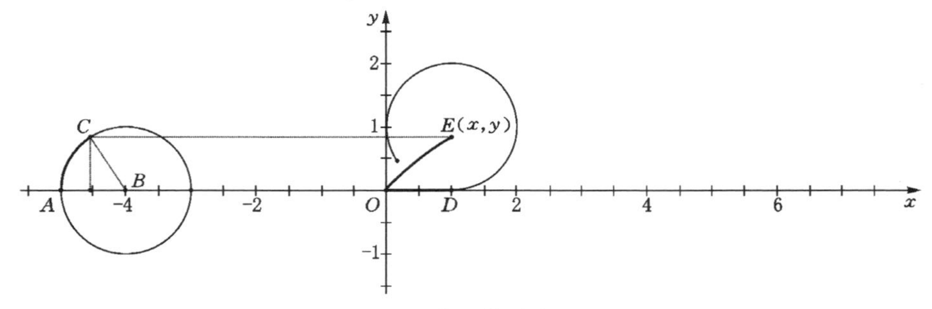

图 6　三角函数形成图 1

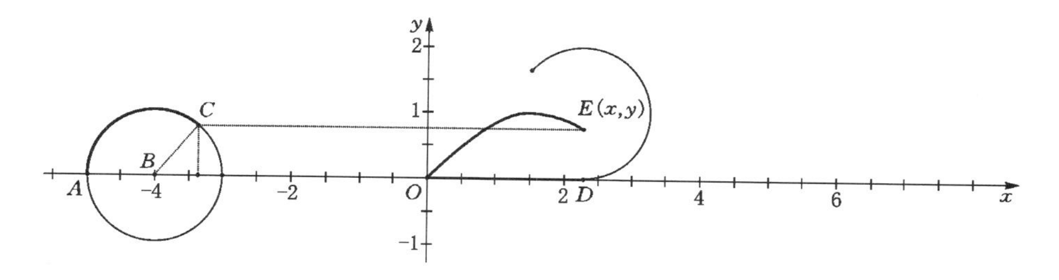

图 7　三角函数形式图 2

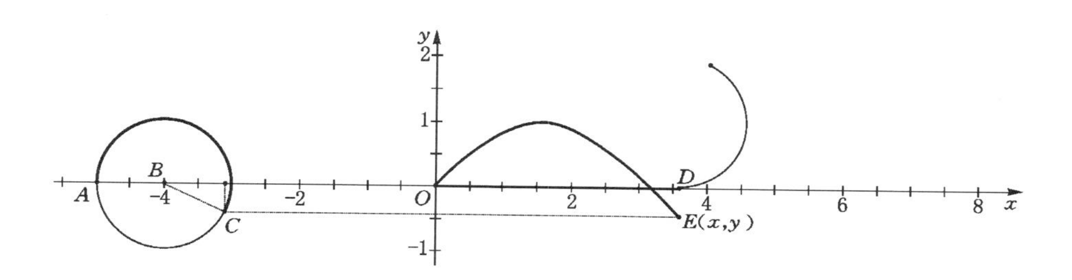

图 8　三角函数形成图 3

评析：为了直观地揭示 E 点的坐标，把车轮视为圆 B，在汽车行驶之前，质点所在的位置是点 A，同时与原点 O 对应。当汽车向前平移 OD，也就是车轮旋转了 $\overset{\frown}{AC}$，$E(x,y)$ 的横坐标就是 OD 的长度，OD 等于 $\overset{\frown}{AC}$ 的长，且 $\overset{\frown}{AC}$ 等于其所对的圆心角，即 $x=\alpha$，$E(x,y)$ 的纵坐标就是 $\overset{\frown}{AC}$ 所对的圆心角 $\angle ABC$ 的正弦值，通过锐角三角函数便可求出（图 6）. 当 $OD>\frac{\pi}{2}$，即 $\overset{\frown}{AC}$ 所对圆心角 $\angle ABC>\frac{\pi}{2}$ 时，$E(x,y)$ 的横坐标可以写出，$E(x,y)$ 的纵坐标却无法根据现有知识求出（图 7～图 8）。究其原因，在于以弧度制为角的自变量超出了锐角的范围，要求出 E 点的纵坐标，就需要把三角函数的自变量的范围扩大到任意角，即要研究任意角的三角函数。这里不但直观地揭示了三角函数自变量 α 的数学本质，还揭示了研究任意角三角函数的客观需要。

启发性问题 3：质点 C 绕车轴旋转，它相对于车轴的位置如何刻画（图 9）？

评析：启发性问题 2 揭示了 C 点的纵坐标及其自变量之间的关系，启发性问题 3 则把研究范围扩展到 C 点的横坐标和纵坐标，学生有了关于纵坐标的研究经验，继续研究横坐标则会顺利些。根据 C 点所在的位置，引导学生认识到需要定义任意角的三角函数。

启发性问题 4：如何定义任意角的三角函数？

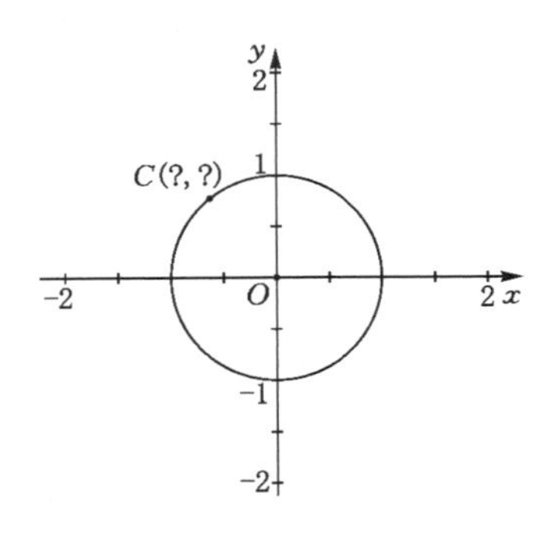

图 9　C 点位置图

5.5　诱导公式教育形态的重构

为了计算何时出现日全食、月全食，获得了任意角的三角函数，它刻画了圆周上一质点在任意时刻所在的位置，但相应位置的三角函数值的求解还未解决。因此，探究求解任意角的三角函数值的方法就是本节内容的主要任务。本节继续并充分用好“汽车车轮上质点坐标”这个物理背景，让学生在对这个物理背景有充足认识的前提下继续深挖该物理背景，从而获得诱导公式，由此解决“汽车车轮上质点坐标”的问题。诱导公式的实质是“揭示了任意角的三角函数与锐角三角函数之间的关系”，从而发现“任意角的三角函数值可以用 $0°\sim90°$ 以内角的三角函数值求得”，这正是在计算机发明之前，诱导公式的美妙之处以及价值所在，这也是诱导公式的本质所在。

问题情境：我们在上一节已经能够表示汽车车轮上质点 E 的坐标，即 $E(\beta,\sin\beta)$，但如何求出任意角的正弦函数 $\sin\beta$ 的值(图 10)？

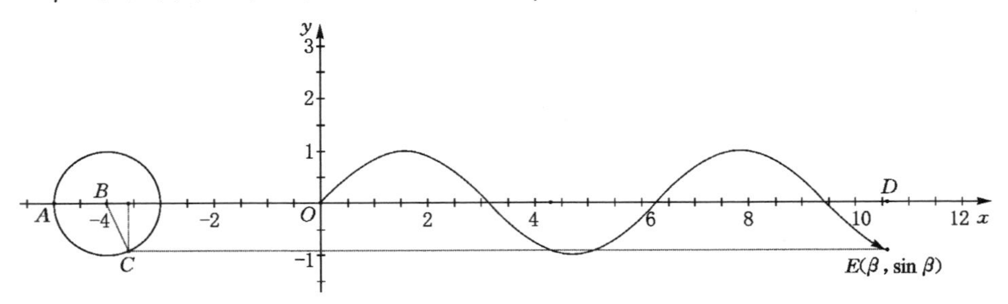

图 10　任意角 β 的正弦函数图

评析：由图 10 能够看出 E 点坐标$(\beta,\sin\beta)$“周而复始”地出现，并且相差一个圆周的整数倍，即相差 2π 的 $k(k\in Z)$倍。若令$\angle ABC=\alpha$，当 $\alpha\in[0,2\pi]$时，而汽车向前平移了 β 时，且 $\beta=2k\pi+\alpha$，所对应的纵坐标相等，则获得公式 sin

$(2k\pi+\alpha)=\sin\alpha$。结合相对于车轮中心并绕车轮中心旋转的汽车车轮上质点 B 的坐标看(图 11),若令 $\alpha\in[0,2\pi]$时,当质点 B 旋转了 β 时,且 $\beta=2k\pi+\alpha$,所对应的横坐标、纵坐标相等,则获得公式一:$\sin(2k\pi+\alpha)=\sin\alpha$,$\cos(2k\pi+\alpha)=\cos\alpha$,$\tan(2k\pi+\alpha)=\tan\alpha(k\in Z)$,即终边相同的角的同一三角函数值相等。利用公式一,可以把求任意角的三角函数值转化为求 $0\sim2\pi$ 角的三角函数值.

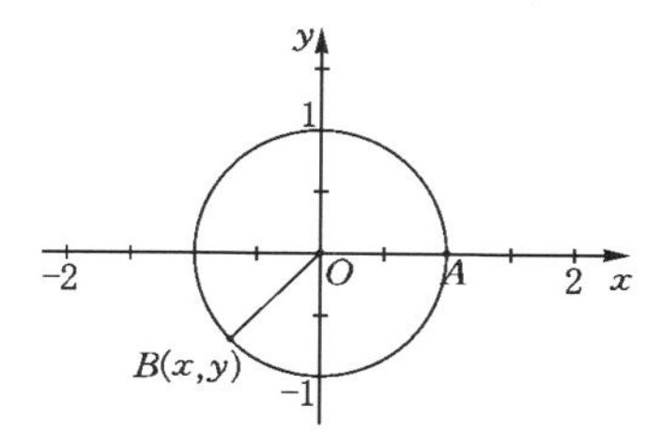

图 11　质点 B 的坐标

启发性问题 1:虽然公式一能够把任意角的三角函数值转化到求 $0\sim2\pi$ 角的三角函数值,如何求 $0\sim2\pi$ 角的三角函数值?你会求哪些角的三角函数值(图 12)?

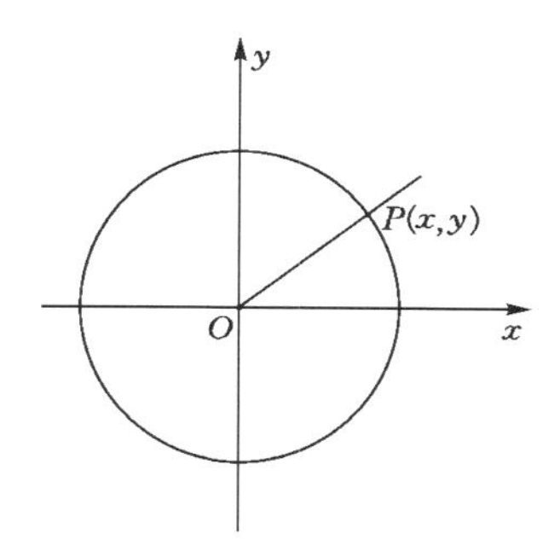

图 12　$0\sim2\pi$ 角的三角函数图

评析:引导学生根据初中阶段的锐角三角函数知识求锐角三角函数值,根据"终边相同的角的同一三角函数的值相等",若任意角 β 与锐角 α 的终边相同,即角 β 和 α 之间相差 2π 倍,有 $\beta=2k\pi+\alpha(k\in Z)$,那么它们的同一三角函数的值相等。

启发性问题 2:公式一的作用是什么?根据公式一的获得过程,你能获得哪些结论?

评析:引导学生认识公式一的作用有两个方面:一是能够把求任意角的三角函数值转化为求 $0\sim2\pi$ 角的三角函数值;二是终边在第一象限的任意角的三

角函数可以直接转化为锐角三角函数求解。如果任意角 β 的终边在第二象限，那么就可以把终边在第二象限的任意角的三角函数转换到 $\left(\frac{\pi}{2},\pi\right)$ 范围内，如果任意角 β 的终边在第三象限，就可以把终边在第三象限的任意角的三角函数转换为 $\left(\pi,\frac{3}{2}\right)$ 范围内的三角函数，如果任意角 β 的终边在第四象限，那么就可以把终边在第四象限的任意角的三角函数转换为 $\left(-\frac{\pi}{2},0\right)$ 范围内的三角函数，最终而它们都要转化为锐角三角函数进行求解。

启发性问题3：若角 $\beta\in\left(\frac{\pi}{2},\pi\right)$，如何求角 β 的三角函数值（图13）？如何把角 β 转化为锐角求出 β 的三角函数值？能否作角 β 的终边关于 y 轴对称得到角 α 的终边，用角 α 的三角函数值表示角 β 的三角函数值？

启发性问题4：同理，若角 $\beta\in\left(\pi,\frac{3\pi}{2}\right)$，能否求出角 β 的三角函数值（图14）？若角 $\beta\in\left(-\frac{\pi}{2},0\right)$，能否求出角 β 的三角函数值（图15）？

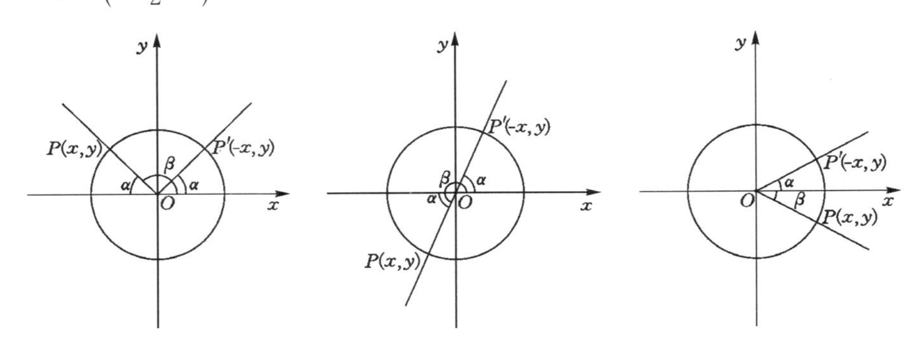

图13　关于 y 轴对称　　图14　关于原点对称　　图15　关于 x 轴对称

评析：对角终边对称关系的定位在为解决问题的需要而不得不引入，在本节之初所提出的问题中没有涉及角的终边的对称关系，因为还不知道要把角的终边的对称关系引进来。作角的终边关于坐标轴对称与原点对称，用 $\left(0,\frac{\pi}{2}\right)$ 表示其他象限角的三角函数，是把未知问题转化为已知问题的有效途径，何时使用工具全看问题解决本身的需要，而不是在没有问题之前，就把工具放在面前，面对工具思索这些研究工具可以做什么，这不符合数学的研究规律。

参考文献

[1] 张奠宙，王振辉.关于数学的学术形态和教育形态：谈“火热的思考”与“冰冷的美丽”[J].数学教育学报，2002(2)：1-4.

[2] 刘冰楠，代钦.民国时期国人自编三角学教科书中“三角函数”变迁[J].数学教育学报，2015，24(3)：81-85.

[3] 陈月兰.中日三角比内容比较：以上海教育出版社和数研出版社出版的教科书为例[J].数学教育学报，2013，22(3)：57-62.

[4] 朱少卿，胡典顺，林丹.中美两套教科书中三角函数的比较研究[J].数学通报，2014，53(10)：46-50.

[5] 佘丹.高中三角函数内容深度的实证研究：基于大学数学专业的学习[J].数学教育学报，2016，25(6)：85-87.

[6] 何忆捷，彭刚，熊斌.高中生三角公式理解的实证研究：以上海为例[J].数学教育学报，2016，25(1)：51-56.

[7] 黄晓琳，李祎.“任意角的三角函数”教学析惑与设计探微[J].数学通报，2014，53(11)：22-25.

[8] 渠东剑.追求自然连贯的数学教学过程[J].数学通报，2014，53(12)：12-16.

[9] 章建跃.为什么用单位圆上点的坐标定义任意角的三角函数[J].数学通报，2007，46(1)：15-18.

[10] 张景中.三角下放 全局皆活：初中数学课程结构性改革的一个方案[J].数学通报，2007，46(1)：1-5.

[11] 容建湘.恒星天文学[M].北京：高等教育出版社，1986.

[12] 马奥尔.三角之美：边边角角的趣事[M].曹雪林，边晓娜，译.北京：人民邮电出版社，2010.

[13] 莫里斯·克莱因.古今数学思想：第三册[M].上海：上海科学技术出版社，2014.

[14] 人民教育出版社，等.数学 4：必修：A 版[M].北京：人民教育出版社，2007.

[15] 洪燕君，周九诗，王尚志，等.《普通高中数学课程标准(修订稿)》的意见征询：访谈张奠宙先生[J].数学教育学报，2015，24(3)：35-39.

[16] 章建跃.如何使学生理解三角函数概念[J].中小学数学(高中版)，2017(6)：66.

教学设计研究5:锐角三角函数的数学本质与教学过程设计①②

1 问题提出

前不久,作者观摩了一节初中数学课,内容为人教版九年级第二十八章“锐角三角函数”第一节内容的第一课时:正弦,共有4位老师(分别简称:A教师,B教师,C教师,D教师)参与同课异构的教学活动,参与评课的有数学教育家、数学家和一线教学的名特优数学教师。他们在对上述4位老师的课堂教学点评过程中,还围绕以下2个问题展开讨论和思想碰撞:

(1) 锐角三角函数的数学本质;

(2)“正弦”这节课的教学过程应该如何设计。

这2个问题分别从数学的本质和数学教育的本质视角审视了锐角三角函数和“正弦”这节课。由于篇幅所限,本文选择对A教师和D教师的正弦概念教学过程做简要概述,并进行课堂教学扎根分析,但分析这两位教师教学过程需要以锐角三角函数的数学本质为基础,因此本文将先探讨锐角三角函数的数学本质,随后分析两位教师的正弦概念教学过程,最后再探究正弦概念的教学过程应该如何设计。

2 锐角三角函数的本质

对锐角三角函数的数学本质的讨论源于A教师在教学过程中把“正弦”与“正弦函数”作为同一数学对象,在“正弦”和“正弦函数”之间画上等号(详见下面对A教师教学过程的概述)。对锐角三角函数数学本质的讨论分为两个方面:一是锐角三角函数的函数本质;二是“正弦”与“正弦函数”的差别。

探究锐角三角函数的函数本质,首先要明确函数的本质,函数的本质包括两点:一是数集到数集的对应;二随处定义且单值定义。这可以从初中函数的定义和高中函数的定义中获得:人教版八年级教科书中第19章“函数”中对函数的定义为“一般地,在一个变化过程中,如果有两个变量 x 和 y,并且对于 x

---

① 沈威.锐角三角函数的数学本质与教学过程设计[J].中学数学教学参考(中旬),2018(1/2):131-135.

② 沈威.锐角三角函数的数学本质与教学过程设计(续)[J].中学数学教学参考(中旬),2018(13):58-60.

的每一个确定的值，y 都有唯一确定的值与其对应，那么我们就说 x 是自变量，y 是 x 的函数”[1]；高中《数学（必修 1）》中函数的定义为“设 A、B 是非空的数集，如果按照某种确定的对应关系 f，使对于集合 A 中的任意一个数 x，在集合 B 中都有唯一确定的数 $f(x)$ 和它对应，那么就称 $f:A\to B$ 为从集合 A 到集合 B 的一个函数”[2]。而锐角三角函数中的 $\angle A$ 是不是数值，$\angle A$ 组成的集合是不是数集，从角的度量制度看，初中对角的度量采用的是角度制，《数学辞海》把角度制界定为“度量角与弧的常用制度之一，这是一种六十进制。即把圆周的 $\frac{1}{360}$ 的弧称为含有 1 度的弧。而 1 度的弧所对的圆心角称为 1 度的角，1 度角记为 1°”[3]。从角度制的定义来看，角度制下的 $\angle A$ 大小读作“多少度”，单位“度”无法与它前面的数值分开，从而 $\angle A$ 的大小不是数值，是名数。从人教版初中教材和高中教材对函数的定义来看，虽然高中的函数定义以集合作为基础，抽象程度高于初中函数的定义，但其本质是一致的。即初中的函数定义中的自变量 x 的本质是“值”，即“数值”，“数值”是不名数，并组成一个非空数集 A，而函数值 y 组成一个非空数集 B，这两个数集之间满足某种对应关系，使得对于集合 A 中的任意一个数 x，在集合 B 中都有唯一确定的数 $f(x)$ 和它对应。

因此，锐角三角函数的函数本质不满足第一点，但是学习弧度制之后，这个问题就自然解决了。所以，锐角三角函数的函数本质在于第二点：随处定义且单值定义，即对于直角三角中的“任意一个锐角”都对应“边的唯一比值”，这里面既渗透了对应的思想，还蕴含着“任意一个”自变量的无限性思想，而对应和无限性思想的渗透则是锐角三角函数教学所应追求的。在对应和无限性思想的渗透过程中，学生需要从有限向无限理解发展，却需要把无限转化为有限，用有限的数学语言表示无限的关系，自然地，学生对“无限性”思想的理解变成了本阶段教学的重点和难点，如果教师能在教学过程中渗透函数的随处定义且单值定义的思想，学生对这个思想也能有清晰的理解。一组蕴含函数思想的正弦、余弦和正切概念就在学生的认知结构中形成，这为他们在高中阶段建构任意角三角函数概念提供抽象的基础。

探究“正弦”与“正弦函数”之间的差别，需要明确“正弦”与“正弦函数”的定义，并以它们的定义为对象分析它们之间的差别。正弦的定义为“在 $\mathrm{Rt}\triangle ABC$ 中，$\angle C=90^\circ$，我们把锐角 A 的对边与斜边的比叫作 $\angle A$ 的正弦（sine），记作 $\sin A$”[4]，正弦函数的定义为“我们知道，实数集与角的集合之间可以建立一一对应关系，而一个确定的角又对应着唯一确定的正弦值。这样，任意给定一个实数 x，有唯一确定的值 $\sin x$ 与之对应。由这个对应法则所确定的函数 $y=\sin x$ 叫作正弦函数，其定义域是 R”[4]。可以看出，正弦函数的定义比正弦的定义的抽象程度高、内涵更加丰富：从定义域（取值范围）来看，正弦的定义域（取值范围）是 $0^\circ<\angle A<90^\circ$，而正弦函数的定义域（取值范围）是 R；从对应关系来看，正弦定义中蕴含了一个对应关系，而正弦函数中蕴含了两个对应关系，即“实数集与角的集合之间可以建立一一对应关系，而一个确定的角又对应着唯一确定的正弦值”；从因变量（值域）来看，正弦的因变量（值域）的范围是 $0<\sin A<1$，而正弦函数的因变量（值域）是 $[-1,1]$。

3　A 教师的正弦概念教学过程与分析

3.1　A 教师的正弦概念教学过程概述

A 教师在上课之初，在 PPT 课件上呈现了这节课的学习目标：

（1）能从函数的角度理解正弦函数的定义，掌握正弦函数的表示法；

（2）能根据正弦函数的定义计算一个锐角的正弦值或求直角三角形的边长；

（3）理解正弦和直角三角形的锐角的大小关系，正弦和直角三角形的大小无关。

在介绍上述教学目标后，教师引导学生复习了本节课需要用到的两类重要知识：

（1）直角三角形 ABC 的角和边的对应关系（图 1）：

① $\angle A$ 的对边是 BC，邻边是 AC，斜边是 AB；

② $\angle B$ 的对边是 AC，邻边是 BC，斜边是 AB。

（2）相似三角形的性质：相似三角形的对应角相等，对应边成比例。

教师创设了如下的问题情境引导学生学习新课部分，希望通过问题情境引导学生建构教师所期望的教学目标。

问题情境（图 2）：有一个山坡，小红从斜坡的西坡出发（A 点），西坡与地平面的夹角为 30°，小明从东坡出发（B 点），东坡与地平面的夹角为 45°。问小红在斜坡上任意位置时，上升的高度和所走路程的比值变化吗？小明呢？

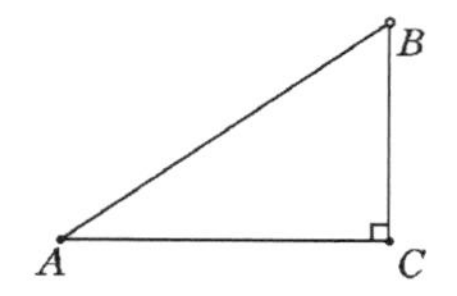

图 1　直角三角形 ABC 的角和边的对应关系图

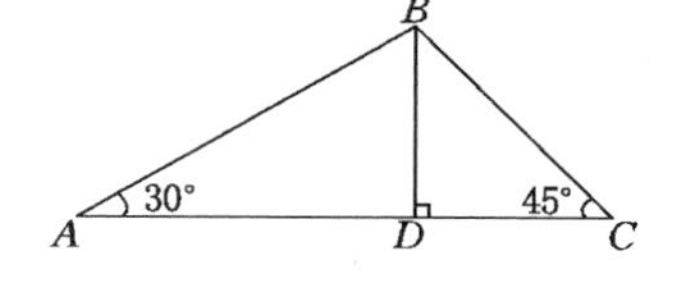

图 2　斜坡图

学生们在该问题的引导下，获得了如下探究结论：

（1）当锐角为 30°时，上升的高度与所走路程的比值不变，为 $\frac{1}{2}$；

(2) 当锐角为 45°时，上升的高度与所走路程的比值不变，为$\frac{\sqrt{2}}{2}$。

教师以这两个特殊结论为基础，把问题一般化，提出探究空间更大的问题：通过前面对 30°和 45°这两个特殊角的研究，我们已经总结出了相关结论。那么这样的结论能否适用于其他锐角呢？如图 3 所示，如果已知$\angle MAN=50°$，我们如何验证前面的结论？有哪些方法可以验证？请和你的小组同学进行讨论，然后动手实践，并将所得的结果与你小组同学所得的结论进行比较。你发现了什么？

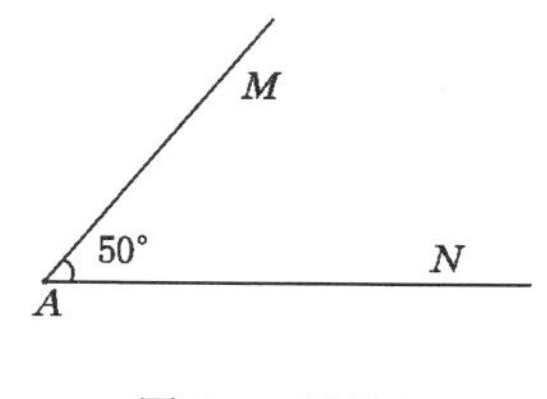

图 3　$\angle MAN$

学生探究后，获得了在$\angle MAN=50°$的直角三角形中，$\angle MAN$ 的对边与斜边的比值不变。

分别在 30°、45°和 50°角的直角三角形中，获得了它们的对边与斜边比值不变的结论，教师给出了如下结论：

在直角三角形中，当锐角$\angle A$ 的度数一定时，不管三角形的大小如何，$\angle A$ 的对边与斜边的比值都是一个固定值，并且是唯一确定的(教师把这个结论在 PPT 上呈现时，“对边与斜边的比值”和“唯一”被加红高亮显示)。

随后教师在 PPT 上呈现了如下定义“正弦函数的定义：在 $\mathrm{Rt}\triangle ABC$ 中，$\angle C=90°$，我们把锐角 A 的对边与斜边的比叫作$\angle A$ 的正弦(sine)”。

至此，A 教师完成了正弦概念的教学过程。

3.2　对 A 教师教学过程的分析

从课堂教学过程来看，A 教师是希望以函数的观点来统领教学的，这可以从 A 教师在课堂上呈现的 3 个教学目标中有 2 个是以“正弦函数”作为称谓体现出来；此外，在引导学生探究了 30°和 45°这两个特殊角的直角三角形，它们的对边与斜边比值是不变的之后，得到“在直角三角形中，当锐角$\angle A$ 的度数一定时，不管三角形的大小如何，$\angle A$ 的对边与斜边的比值都是一个固定值，并且是唯一确定的”的结论。教师在给出“正弦”的定义时，是以“正弦函数的定义”作为题头的，这些都说明了 A 教师的内心深处把“正弦”与“正弦函数”之间画上等号，把它们看作同一数学对象。但是教材却以“正弦”而不是“正弦函数”作为“在 $\mathrm{Rt}\triangle ABC$ 中，$\angle C=90°$，我们把锐角 A 的对边与斜边的比”的名称，这就迫使 A 教师不得不把“正弦函数”装进“正弦”袋子中，但“正弦函数”的内涵要比“正弦”的内涵丰富得多，把“正弦函数”装进“正弦”袋子中必然会造成“正弦”的袋子被冲破，形成了我们所看到的 “正弦函数”的部分实质和“正弦”的包装混在一起的乱象。事实上，这说明 A 教师对“正弦”和“正弦函数”的数学本质理解不到位。

此外，A教师对锐角三角函数中蕴含“随处定义且单值定义”思想的理解也不到位。在课堂上引导学生研究了30°、45°和50°角之后，A教师便得出“在直角三角形中，当锐角$\angle A$的度数一定时，不管三角形的大小如何，$\angle$A的对边与斜边的比值都是一个固定值，并且是唯一确定的”的结论，这个过程是不严谨的！由30°、45°和50°角能得到的结论未必就能推广到任意锐角，这是由特殊到一般的归纳，如果希望通过这种方法得到结论，必须要验证所有的锐角，事实上这是不可能完成的事情。渗透“随处定义且单值定义”思想的唯一途径就是任意两个证明直角三角形相似的对应边的比值是定值，通过这个证明过程渗透“随处定义且单值定义”思想。可惜的是，A教师没有设计这个教学过程。

从学生建构知识的过程来看，他们仅经历由几个特殊锐角的对边与斜边的比值不变，没有对任意锐角的对边与斜边的比进行研究、分析与探讨，却得到“在直角三角形中，当锐角$\angle A$的度数一定时，不管三角形的大小如何，$\angle A$的对边与斜边的比值都是一个固定值，并且是唯一确定的”的结论，这会让学生产生“由几个特殊情况具有的共性，便可推广到一般情况，得到具有普遍意义的结论”的误见，这是学生自己内心形成的“真”。这种“真”是学生自身经历并建构数学观、逻辑观，想改变学生的心中的这个“真”，则需要花更长的时间和精力。但是由于这个“真”是潜在的、缄默的、个人的、实践的，教师很难觉察到，长久如此，这种误见可能会影响学生一辈子。所以如果要引导学生建构这个“真”，必须运用数学上的逻辑推理进行证明而获得，教材上编写了这部分，但是教师在课堂教学上没有引导学生进行探究，这是A教师的失误之处。

4 D教师的正弦概念教学过程与分析

4.1 D教师的正弦概念教学过程概述

D教师给学生观看著名科幻电影《星际穿越》中的一幅图片，并提出如下问题：人们一直在想，在浩瀚无边的宇宙中，不会只有地球上有高级生物——人吧？如果别的星球上也有“人”，那么我们怎么和其他星球上的“人”沟通呢？学生回答：无线电。

教师重复了学生的“无线电”的答案，并追问“除了无线电，还有没有其他的方式?”学生没有回答。教师继续说：“看看科学家们的尝试”。教师出了1977年美国国家航空航天局(NASA)太空探测器上携带的被称作金唱片的留声机的图片(图4)，解释这张图片是“1977年，美国国家航空航天局(NASA)旅行者1号、2号太空探测器发射升空，他们携带的被称作金唱片的留声机，

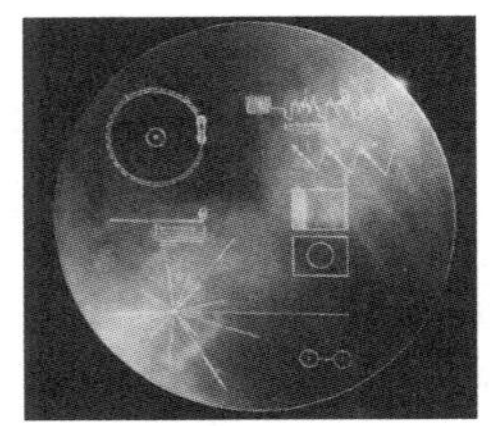
图4 留声机图

收录有图片和声音信号,意在向外星人简单展示地球上的生活”。

教师又给出1974年通过波多黎各阿雷西博天文台向太空播送的无线电信息的图片(图5),并解释这张图片“是1974年通过波多黎各阿雷西博天文台向太空播送的无线电信息。这个信息是由一串‘1’和‘0’组成的二进制位表示的从1到10的数字、氢元素与碳元素、一个DNA的图像、一个人的外形图画和我们太阳系的基本组成。该信号是朝向M13球状星团发送的”。

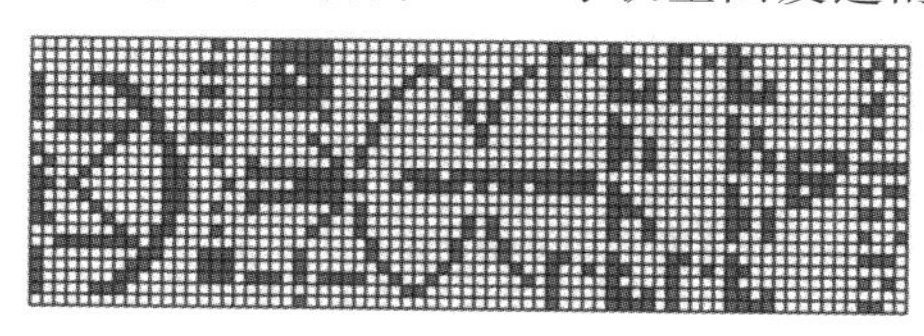

图5　无线电信息图

教师:这些都是科学家做的尝试,这些材料发出去,感觉石沉大海了,没有回应。数学家华罗庚给出了一个建议,请问数学家给了一个什么建议?

没有学生回答教师这个问题。

教师:如果我教了大家初二的勾股定理,大家就会知道了。

教师回答了她自己提的这个问题:如果我们的宇宙飞船到了一个星球上,那儿也有如我们人类一样高级的生物存在,我们用什么东西作为我们之间沟通的媒介?带幅画去吧,那边风景殊,不了解;带一段录音去吧,也不能沟通。我看最好带两个图形去:一个“数”,一个“数形关系”(勾股定理)。为了使那里较高级的生物知道我们会几何证明,还可送去图形,即“青朱出入图”。

教师在PPT上呈现了“青朱出入图”的图片。

教师:现在,我们人类已经成功登月,科技是非常发达的。而古代的天文学家,他们没有这么发达的科技,他们是怎么测量星球和地球之间距离的?或者星球的运行轨道?

学生:大概是根据行星跟地平线的夹角,或者类似的做法。

教师:* * 同学说得非常好,我给出一个简单的示意图。

教师给出示意图并解释这个示意图中的三角测量法:即对于任意的三角形ABC,AB之间的距离是可以丈量的,再测量$\angle A$与$\angle B$的度数,利用三角形的边角关系就可以计算出来。教师在解释“三角测量法”的过程中强调了两点:一是要精确地测量角;二是要准确地计算,并总结出:三角测量法是要解决三角形中边角的关系问题,并产生了一门学科叫三角学,而三角学是从天文学中独立出来的,先有天文学,后有三角学。

教师:刚刚讲的天文学离我们太远了,我们来帮园林工人解决一个问题——为了绿化荒山，某地打算从位于山脚下的机井房沿着山坡铺设水管，在山坡上修建一座扬水站，对坡面的绿地进行喷灌。现测得斜坡与水平面所成角的度数是 $30°$，为使出水口的高度为 35 米，那么需要准备多长的水管？

教师给学生约 30 秒钟的探究时间，教师引导学生把该问题情境进一步数学化，转化为：在 $Rt\triangle ABC$ 中（图 6），$\angle C=90°$，$\angle A=30°$，$BC=35$，求 AB 的长度。

图 6　$Rt\triangle ABC$

学生随即给出答案：$AB=70$。

教师再问：如果 $BC=50$ 米，那 AB 的长呢？

学生依然随即给出答案：$AB=100$。

教师问：你们为什么算这么快？

学生：在 $Rt\triangle ABC$ 中，$\angle C=90°$，$\angle A=30°$，$\angle A$ 所对的直角边是斜边的一半，即 $\frac{BC}{AB}=\frac{1}{2}$。

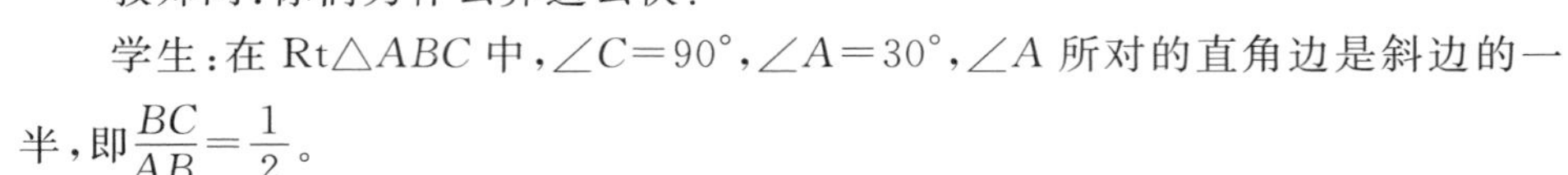

教师：这是在含 $30°$ 角的直角三角形，如果把 $Rt\triangle ABC$ 中的 $\angle A$ 换成 $45°$，有什么结论？

学生齐答：$\frac{BC}{AB}=\frac{\sqrt{2}}{2}$。

教师：这都是常见的直角三角形，那换一个不常见的直角三角形，随便找一个：如图 7 所示，$\angle MAN=67.4°$，在射线 AM 上任意取一点 B，过 B 作 $BC\perp AN$ 于点 C，测量 $\angle A$ 的对边与斜边的比 $\frac{BC}{AB}$（精确到 0.01），与同学测量的数值比一比，你能得出什么结论？

教师留 3 分钟时间给学生自主画图、测量和计算。

教师：* * 学生，你测到 BC 等于几？AB 等于几？$\frac{BC}{AB}$ 等于多少？

学生：$BC=2.4$，$AB=2.6$，$\frac{BC}{AB}\approx 0.92$。

教师：* * 学生，你测得的情况如何？

学生：$BC=1.9$，$AB=2$，$\frac{BC}{AB}\approx 0.95$。

教师：* * 学生，你测得的情况如何？

学生：$BC=2.3$，$AB=2.5$，$\frac{BC}{AB}\approx 0.92$。

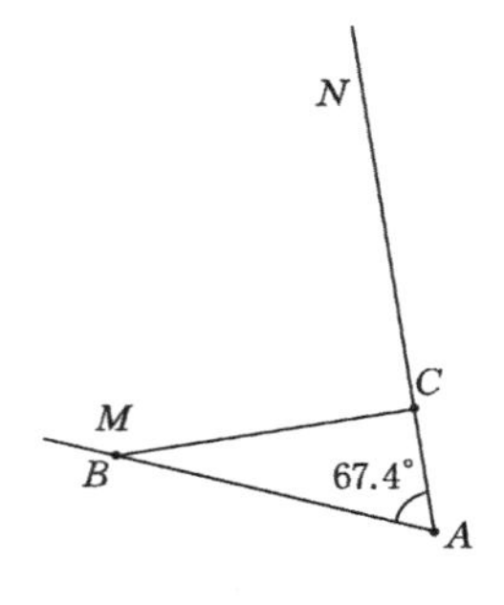

图 7　$\angle MAN$

教师：* *学生，你测得的情况如何？

学生：$BC=1.7$，$AB=1.9$，$\frac{BC}{AB}\approx0.91$。

教师：比较这4个同学测量和计算的结果，可以发现，他们自己画图测量的结果不一样，在误差允许的情况下，我们可以认为$\frac{BC}{AB}$的比值都相同。可以发现，30°、45°和不是特殊角的67.4°的对边与斜边的比值都不变，因此可以提出一个大胆的猜想：一般地，当$\angle A$取其他一定度数的锐角时，它的对边与斜边的比是否也是一个固定值？为什么？

教师：刚才举的例子都是特殊值，不代表一般的，因此必须要进行证明。

教师呈现问题：Rt$\triangle ABC$和Rt$\triangle DEF$，$\angle C=\angle F=90°$，$\angle A=\angle D$，问$\frac{BC}{AB}$与$\frac{EF}{DF}$是否相等，为什么？

教师：有学生点头，为什么？

学生：相似，$\angle A=\angle D$，$\angle C=\angle F=90°$，Rt$\triangle ABC$和Rt$\triangle DEF$相似，所以$\frac{BC}{AB}=\frac{EF}{DF}$。

教师：这就是说，在直角三角形中，当锐角$\angle A$的度数一定时，不管三角形的大小如何，$\angle A$的对边与斜边的比也是一个固定值。这个固定值，我们就给它一个名字，叫作$\angle A$的正弦（教师板书）。

教师：通过我们刚才一系列的工作，你能不能给$\angle A$的正弦下一个定义？能不能用自己的话说出来？

学生：在一个直角$\triangle ABC$中，$\angle C=90°$，锐角$\angle A$所对的边与斜边的比值叫作$\angle A$的正弦。

教师：好！我们这个内容用中文写就太多了，我们通常是将文字转换成几何语言或数学语言，那么把这些文字转换为数学语言，我们习惯$\angle A$所对的边用a表示，$\angle B$所对的边用b表示，$\angle C$所对的边用c表示，$\sin A=\frac{a}{c}$，这样就简洁多了。

至此，D教师完成了正弦概念的教学过程。

4.2 对D教师教学过程的分析

从整个正弦概念的教学过程来看，数学文化弥漫在每一个环节。数学不只是一门科学，还是一种文化。文化视野下的数学教学强调把数学作为一门知识进行教学的同时，还要注重把数学作为一门人文科学进行数学价值观、数学精神的渗透。不管是把数学作为一门知识还是作为一门人文科学，D教师在这两个方面做到了有机融合，实现了通过数学文化浸润着探究数学知识的学生。

在上课伊始，教师把学生喜欢的著名科幻电影《星际穿越》作为本节课的切入点，不但引起了学生的兴趣，还为渗透数学价值观和数学精神埋下伏笔。教师为学生呈现《星际穿越》的图片，但是教师并没有和学生“纠缠”于此，而是把话题转向地球人与外星人如何沟通上，在这个话题的引领下，教师进行了数学文化的渗透。从1977年美国国家航空航天局(NASA)太空探测器上携带的金唱片的留声机的图片到1974年通过波多黎各阿雷西博天文台向太空播送的无线电信息的图片，学生不但领略了天文学的魅力，还感受到我国数学家对天文学的关注及数学对天文学的重要价值。

在介绍完当前天文学的研究热点后，教师顺势将话题转向古代如何研究天文。古代天文学先于三角学，因天文学研究的需要产生了三角学，教师把话题转向古代如何研究天文学，事实上是引导学生思考古人在没有当代研究设备的情况下如何研究天文，促使学生经历与古人研究天文学的相似性思维，体验三角学产生的实际背景并形成心理体验。教师在学生思考并获得了初步结论之后给出了更加清晰的表述，即“三角测量法”，这是在学生探究的基础上的画龙点睛，把学生的探究体验和朦胧不清的表达进一步语义化和抽象化，使学生将“三角测量法”与他们的思维体验共同形成“三角测量法”的动态图式。教师在阐述“三角测量法”后，强调运用“三角测量法”解决问题需要精确地测量角和准确地计算，教师在此处提出的这两个方面，也是对于学生接下来探究正弦的数学本质过程中需要注意的地方而做出的提示。从今至古，由国外至国内，D教师把与三角学有关的数学文化彰显得淋漓尽致，并恰到好处地揭示了三角学产生的历史与文化背景。

为了建构正弦的概念，教师把话题转向了学生熟悉的园林绿化问题，这个问题既是“三角测量法”的具体化，也是建构正弦概念的切入口。教师在园林绿化问题上，首先采用锐角为30°的直角三角形，并变换30°角所对边长，引导学生思考为何能够快速地获得所求斜边长的根本原因，即30°角的对边与斜边之比是定值$\frac{1}{2}$。在此基础上，学生探究了45°角，也获得了45°角的对边与斜边之比是定值的结论，而这两个结论的快速获得源于学生对含30°角和45°角的特殊直角三角形的把握。但是这两个直角三角形毕竟是特殊三角形，而从特殊情况获得的结论无法直接推广到一般情况，因此，教师提出了$\angle MAN=67.4^\circ$的问题，这个问题的开放程度和难度要比30°角和45°角的特殊直角三角形的大，而且要求学生动手测量并进行精确计算，这既加深了学生对“三角测量法”的理解，也培养了学生的数学活动经验。学生在探究这个问题时也获得了直角三角形的锐角对边与斜边比是一个定值的结论，虽然把特殊锐角换为一个任意的锐角，但是这个锐角还是具体的，从数学上看，这个结论依然无法推广，只是增加了可以推广的可能性，增加了猜想的可能性，使猜想的信心更足了。如果希望推广这个结论，则必须要进行数学上的逻辑证明。

显然，教师深谙该道理，自然地，她给出了两个相似的直角三角形，让学生证明相同锐角的直角边与斜边之比为定值。在获证该问题后，正弦的数学本质便在学生的数学认知结构中生成。在这种情况下，让学生对该数学本质给一个概念名称是无法实现的，学生无法想到要用正弦这个名称表示该数学本质，需要教师适时地给出“正弦”这个名称。在给出“正弦”这个名称后，教师并没有给出正弦的完整定义，而是把这个机会给了学生，让学生用自己的语言建构正弦的定义。这有两个好处：一是让学生用自己的精确的语言建构的定义要比教材上给出的定义更利于学生把握；二是培养了学生的数学表达能力和数学语言转换能力。

5 正弦概念教学过程的设计

涂荣豹先生指出，数学教学的目的有很多，而教学生学思考、教学生学建构概念、教学生学语言表达等是其中的主要目的。具体来说，就是要教学生研究(数学)问题的一般方法，即建构数学概念或者数学关系的一般方法，主要包括六个核心过程：形成研究问题、建构研究对象、寻找研究方法、提出与验证猜想以及语言表述[5-10]。把这六个核心过程镶嵌在教师的教学设计中，对于这节课而言，也不例外。

(1) 形成研究问题，即研究直角三角形的边角关系是什么。任何学科的研究首先都要有一个问题，正弦这节课乃至余弦和正切的研究问题都是研究直角三角形的边角关系是什么。形成研究问题需要一定的知识基础或者问题情境，从知识基础或者问题情境中提出研究问题。这节课的知识基础是直角三角形的边的关系和角的关系：边的关系是勾股定理、两边之和大于第三边、两边之差小于第三边，角的关系是三角形内角和为180°、直角三角形的两个锐角之和是90°。教师把这些学生已经具备的知识基础嵌入相关的问题情境或直接运用这些基础知识向学生提出如下类似问题“在直角三角形中，我们已经知道了边的关系和角的关系，接下来我们需要研究什么问题或者什么关系？你们能提出什么问题来？”启发学生认识到直角三角形的边的关系和角的关系是分离的，还需进一步研究直角三角形中边与角的关系。因此，研究直角三角形中边与角的关系是摆在师生面前的共同问题，是必须要解决的问题，即“直角三角形的边角关系是什么”是这节课的研究问题，而该问题可以通过教师的启发与引导，让学生通过思考之后自主、自然地提出来。

(2) 建构研究对象。既然已经确定本节课要研究直角三角形的边角关系，那么接下来必然要把直角三角形的边与角相应地进行组织，把边与角的初步关系确定下来。这个时候，教师可以引导学生展开相应的思考与探究，给学生足够的空间去探究，那么探究的结果也必然不止一种，而是多种多样的。此时，教师可以引导学生逐一分析学生们的探究结果，组织他们的探究结果，那么角与边的直观关系就有角与其邻边的关系、角与其对边的关系、角与斜边的关系、角邻边与对边的关系、角的邻边与斜边的关系、角的对边与斜边的关系等等。教师引导学生逐渐分析哪些关系可以研究、哪些关系目前还无法研究、哪些关系是并列的、哪些关系具有先后顺序等。引导学生寻找并建构研究对象对于培养学生发散思维与聚合思维能力显得至关重要，这个过程的主要部分最好由学生来完成，只有学生参与并完成这个过程，才能在其头脑中形成建构研究对象的活动经验，以便于以后研究问题的迁移。

(3) 寻找研究方法。即如何研究直角三角形的边与角的关系。我们所指的寻找研究方法不是指教师寻找研究方法，而是教师教学生学寻找研究方法。寻找研究方法的主体是学生而不是老师，但学生寻找需要教师的“教”，而“教”不是做给学生看，让学生模仿，而是通过教师的启发性问题或启发性语言，使学生通过自主探究而寻找到研究方法或研究思路，所以教师不能直接给出研究思路。教师可以类似地启发学生：一个锐角的对边(邻直角边)与斜边有怎样的关系？有加法关系？倍数关系？乘法关系？或者其他什么关系？教师提出这些问题时，问题之间应该保留一定的思考时间。在教师这些启发性问题的引导下，学生可自主探索尝试，寻找研究方法。如果学生没有探索出相应的方法，教师可以进一步启发学生：数学是研究共性的学科，即变中不变的本质，一个锐角的对边(邻直角边)与斜边有怎样的共性关系？在众多直角三角形无法确定的情况下，我们应该先从特殊的直角三角形入手，遵循从特殊到一般的研究规则，可以先选择含有 30°角或 45°角的直角三角形进行研究，再利用大家已有的知识基础，看看能获得怎样的研究结果。

(4) 提出猜想。由于学生已经掌握含有 30°角或 45°角的直角三角形的边的关系，很容易能获得一个锐角的对边与斜边的比值是定值的结论。当学生获得这个结论时，教师要进一步把学生引向探究的深处，可以这样启发学生：刚才研究的是含有 30°角或 45°角的直角三角形，如果是一般的直角三角形，能不能有这样的结论？请同学们自己确定任意一个锐角，然后测量并计算，验证是否能获得一个锐角的对边与斜边的比值是定值的结论？学生在教师的启发下，自主画图、测量并计算，最终在误差允许的情况下，依然能够获得一个锐角的对边与斜边的比值是定值的结论。虽然把特殊锐角换为一个任意的锐角，但是这个锐角还是具体的，从数学上看，这个结论依然无法推广，只是增加了可以推广的可能性。如果希望推广这个结论，则必须要进行数学上的逻辑证明。

（5）验证猜想。在学生获得一个锐角的对边与斜边的比值是定值的猜想后，需要进行严格的逻辑证明。教师可以启发学生：刚刚获得的结论不具有一般性，如果希望使这个结论推广为一般性，则需要进行严格的逻辑证明，请大家思考如何进行证明。由于学生刚刚经过了画图、测量和计算的过程，已经间接地运用到相似三角形的知识。学生经过自主思考、合作讨论等探究活动，不难证明之前提出的猜想。而利用三角形相似证明一个锐角的对边与斜边的比值是定值的过程在此不再赘述。

（6）语言表述。在验证猜想之后，自然地，要对所获得的结论进行数学上的定义，要用数学语言对其进行表述，用数学符号 $\sin\angle A$ 来表示 $\angle A$ 的正弦。在对正弦进行定义时涉及定义的主体是教师还是学生，我们主张让学生用自己的语言进行定义，这样做有助于培养学生的数学语言转换能力。数学语言是用来研究和解决数学问题的专业术语和符号，它以概念、公式、符号、图形与图像等形式出现，而且同一数学对象在不同范围内可以有不同的表示形式，这些形式可以相互转换。所谓的数学语言转换能力是指学生在把握数学对象的本质属性不变的前提下而在不同范围内转换不同表示形式的能力。数学语言转换的能力代表着学生数学思维水平的发展，并且数学语言转换能力的发展影响着学生思维能力的发展。如果学生的数学语言转换能力较强，那么他的数学思维能力也较强；相反，如果学生的数学语言转换能力弱，那么他的数学思维能力也就较弱。所以，多给学生语言表达的机会也是在培养学生的数学思维能力，这里的所指的语言表达不只是让学生齐答“对”或“不对”，而是让学生对一个问题的题意、研究思路、研究过程、研究界定等用自己的语言进行表述。

参考文献

[1] 人民教育出版社，等. 数学：八年级：下册[M]. 北京，人民教育出版社，2013.

[2] 人民教育出版社，等. 数学 1：必修[M]. 北京，人民教育出版社，2013.

[3] 何思谦. 数学辞海：第二卷[M]. 北京：中国科学技术出版社，2002.

[4] 人民教育出版社，等. 数学 4：必修 [M]. 北京，人民教育出版社，2007.

[5] 涂荣豹. 谈提高对数学教学的认识：兼评两节数学课[J]. 中学数学教学参考（上半月・高中），2006(1/2)：4-8.

[6] 涂荣豹. 数学解题学习中的元认知[J]. 数学教育学报，2002(4)：6-11.

[7] 涂荣豹，宁连华.论数学活动的过程知识[J].数学教育学报，2002(2)：9-13.
[8] 涂荣豹.试论反思性数学学习[J].数学教育学报，2000(4)：17-21.
[9] 涂荣豹.数学解题的有意义学习[J].数学教育学报，2001(4)：15-20.
[10] 涂荣豹.数学学习与数学迁移[J].数学教育学报，2006(4)：1-5.

教学设计研究6:向量加法及其几何意义的教育形态重构①

——基于启发性提示语的视角

摘　要:向量是近代数学中重要的基本概念,具有工具性的特点,是学习向量的减法、数乘以及平面向量的坐标运算等内容的知识基础。向量为进一步理解其他的数学运算创造了条件,对表现向量加法的数学本质及其几何意义具有重要作用。研究采用"概念形成"的方式设计教学,以具有启发性的问题串为引领,基于启发性提示语的视角,从向量形成的数学本质与科学价值出发,重构向量加法及其几何意义的教育形态,驱动学生建构向量加法的数学本质及其几何意义。

关键词:向量加法;几何意义;启发性提示语

1　问题提出

向量是近代数学中重要的基本概念,是中学数学的核心内容,具有工具性的特点,其工具作用主要通过向量的运算得以体现。向量的加法不同于数的加法,向量的加法运算是向量运算的基础,它是以物理学中矢量的合成为背景抽象出的一种全新的数学运算,运算中包含大小与方向两个方面。从这个角度来看,研究向量加法是学生学习过程中的一种突破,是学习向量的减法、数乘以及平面向量的坐标运算等内容的知识基础,为进一步理解其他的数学运算(如函数、映射、变换、矩阵的运算等等)创造了条件,从而对表现向量加法的数学本质及其几何意义具有重要作用。因此,如何设计教学使得学生有效把握向量加法的数学本质及其几何意义显得至关重要。本文尝试依据《普通高中数学课程标准(2017年版)》的要求,结合学生的认知特点,对"向量加法运算及其几何意义"的第一课时采用"概念形成"的方式设计教学,以具有启发性的问题串为引领,基于启发性提示语的视角,从向量形成的数学本质与科学价值出发,重构向量加法及其几何意义的教育形态,驱动学生建构向量加法的数学本质及其几何意义。下文简述设计的基础及其设计内容,并做扼要评述。

---

① 沈威,任春草.和量加法及其几何意义的教育形态重构[J].中学数学教学参考(下旬),2021(1):7-9.

2 教学设计的基础

2.1 学生的认知和经验基础

学生在学习物理中的位移和力等知识时,已初步了解了矢量的合成,认识了矢量与标量的区别,在生活中对位移与路程也有了一定的体验,这为学生学习向量知识提供了实际背景。学生能够从物理的力和位移的合成中去感受向量的加法的含义,具备建构向量加法的三角形法则和平行四边形法则的知识基础和经验基础。

2.2 教学设计的理论基础

在启发性提示语视角下的数学教学倡导通过教师"由远及近"的启发,"由弱到强"的提问,达到学生以参与者的身份进行"从无到有"的探究[1]。通过该探究过程,引导学生阅读数学材料,启发并引导学生提出数学问题,引导学生经历数学概念的建构过程,促进学生对数学概念的理解,引导学生经历数学知识发生发展的关键性的步骤,总结数学思想方法,积累数学活动经验,培养学生的数学思维能力、数学素养、问题解决能力、数学美学的审美视角以及数学创造性思维,使学生获得数学思维范式、数学思想和数学原理,促进学生数学智慧的生长与发展[2]。

3 教学目标

知识与技能:掌握向量的加法定义,会用向量加法的三角形法则和平行四边形法则做出两个向量的和向量;掌握向量的加法的运算律,并会用它们进行向量计算。

过程与方法:体会数形结合、分类讨论等数学思想方法,进一步培养学生归纳、类比、迁移能力,增强学生的数学应用意识和创新意识。

情感、态度与价值观:让学生经历运用数学来描述和刻画现实世界的过程;在动手探究、合作交流中培养学生勇于探索、敢于创新的个性品质。

数学思想与数学活动经验:让学生经历用数学符号、图形描述现实世界的过程,发展学生合情推理和演绎推理能力,并领悟数学知识发生与发展过程中的数学思想方法(公理化思想、分类思想、形数结合的思想等)。同时,通过研究向量加法运算及其几何意义为之后学习向量其他的运算奠定研究的活动经验。

4 教学重难点

教学重点:向量加法的三角形法则与平行四边形法则的建构。

教学难点:向量加法几何意义的理解。

5 教学过程

重温旧知,引出新知是我国数学教育的特色,既符合人的认识规律,也与现代认知主义理论、建构主义思想一致。通过对旧知的复习,为新知自然地从学生认知结构中流淌出来奠定基础。自然地，我们设计如下复习旧知的问题：

启发性问题1：关于“向量”，你知道多少（时间等待）？你能把这些知识的关系组织起来吗（时间等待，“由弱到强”地提问）？

【设计意图】通过“关于‘向量’，你知道多少？”这个问题，自然地引导学生要回忆其所学过的向量知识，经过学生在其认知结构中主动搜索并提取这些知识，这些知识就被暂时存入工作记忆中，以备主体的数学思维操作对其深加工。而问题“你能把这些知识组织起来吗？”是在前一个问题的基础上，启发学生对他们所回忆的知识进行关系组织，通过学生主体对这些知识进行关系组织，这些知识之间的关系便在学生的数学认知结构中生成，同时这些知识的意义也在学生的数学认知结构中深化。在学生组织知识关系的过程中，这些生成的关系具有非线性和自组织性，关系之间的弹性更强，利于迁移。

启发性问题2：我们今天学习什么呢（时间等待，不用提问）？类比一下实数，实数有加减乘除法，向量有没有呢（时间等待，不用提问）？如果有，我们可以先研究哪个运算呢（时间等待，提问）？对，加法！因为加法最简单，数学研究都是从最简单的入手，经历由简单到复杂的过程。好，我们现在来研究向量的加法！

【设计意图】在复习旧知并组织旧知之后，自然要探究新知，但是新知是什么？未知！因此，要引导学生提出本节课的研究课题，只有确定课题并明确所研究课题的因由后，学生才能明确探究的方向。此外，由于一般情况下学生提出问题能力相对较弱，引导学生提出课题显得尤加重要。在引导学生提出课题的过程中，我们遵循引导“由远及近”的启发原则，引导学生逐渐提出本节课的课题——向量的加法，同时渗透数学研究的一般方法——由简单到复杂。

启发性问题3：我们先来看一个具体的问题，如图1所示，我国男子台球队运动员丁俊晖遇到如下困难，他要击黑球，却被黄球挡住了，如果你是丁俊晖，你该如何处理（时间等待，“由弱到强”地提问）？

【设计意图】在引导学生提出课题“向量的加法”之后，自然要研究“向量的加法”，如何研究？依然要遵循数学研究的一般方法——由简单到复杂，由具体到抽象，由直观到抽象的过程。为了激发学生的探究兴趣，我们设计了我国男子台球队运动员丁俊晖击球遇到困难的情境，同时以换位思考的问题“如果你是丁俊晖，你该如何处理？”引导学生站在当事人的视角思考与探究问题。由于学生已经在物理中学习了位移知识，自然能够把物理中的这些知识迁移到当前问题情境，经过学生探究、画图、讨论，最终使问题自然获得解决（图2）。在学生解决该问题后，自然地，由该问题情境可以抽象出启发性问题4。

图 1　如何击黑球

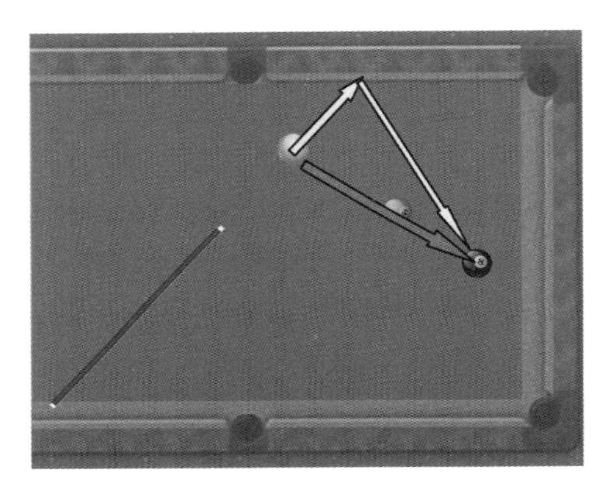

图 2　击黑球位移图

启发性问题 4：位移求和时，两次位移的位置关系是什么(时间等待，不用提问)？如何做出它们的合位移(时间等待，“由弱到强”的提问)？

【设计意图】引导学生从解决所给物理问题抽取研究方法，并把方法数学化。在此过程中，学生经历了一次运用物理知识解决现实问题的过程，并把研究方法、研究思路和研究过程做归纳概括，并将其进一步语言化与语义化，使得学生经历一次完整的研究问题、解决问题、总结问题的过程，体验研究思路开放与聚合的过程，积累探究数学的活动经验。学生很快得到问题的答案：两次位移首尾相连，其合位移是由起点指向终点。

启发性问题 5：位移是个物理量，如果抛开它的物理属性，正是我们研究的向量。类比求位移和的方法，能否找到求解向量 $\boldsymbol{a}$ 和 $\boldsymbol{b}$ 之和的方法(图 3)(小组探究、代表汇报)？

图 3　如何求两个向量之和

【设计意图】由于学生刚刚经历了位移求和的探究过程，这些研究思路和研究经验在学生的数学认知图式中依然保持着“热度”，在此基础上探究 $\boldsymbol{a}+\boldsymbol{b}$ 要相对轻松一些，但是也并不是没有难点，这个难点就是启发性问题 6。

启发性问题 6：和物理中的位移求和问题有所不同，在数学中任意两个向量相加时，他们未必是首尾相连的，应该如何处理呢(时间等待，教师点拨)？

【设计意图】启发学生认识到数学中的向量和物理中矢量的区别与联系。即数学中的向量比起物理中矢量的最大特点在于数学中向量的自由性，即数学中的向量可以自由平移，而物理中的矢量不能自由平移，这需要教师对探究的学生进行适时点拨与指导。经过学生的探究、讨论和小组合作学习，学生会得到与“在平面内任取一点 O，平移 $\boldsymbol{a}$ 使其起点为点 O，平移 $\boldsymbol{b}$ 使其起点与向量 $\boldsymbol{a}$ 的终点重合，再连接向量 $\boldsymbol{a}$ 的起点与向量 $\boldsymbol{b}$ 的终点”类似的结论。这时，教师可以画龙点睛式地给出向量加法的准确定义：

如图 4 所示，已知非零向量 $\boldsymbol{a}$，$\boldsymbol{b}$，在平面内任取一点 O，作 $\overrightarrow{OA}=\boldsymbol{a}$，$\overrightarrow{AB}=\boldsymbol{b}$，则向量 $\overrightarrow{OB}$ 叫作向量 $\boldsymbol{a}$ 与 $\boldsymbol{b}$ 的和，记作：$\boldsymbol{a}+\boldsymbol{b}$，即 $\boldsymbol{a}+\boldsymbol{b}=\overrightarrow{OA}+\overrightarrow{AB}=\overrightarrow{OB}$。求两个向量和的运算，叫作向量的加法。这种求向量和的方法，被称为向量加法的三角形法则。

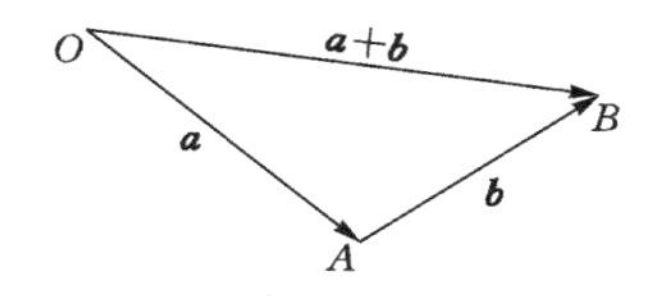

图 4　向量加法的三角形法则示意图

启发性问题 7：现在请大家回顾一下，咱们做了哪些事情？是怎么样获得向量加法的三角形法则的(时间等待，小组合作、交流、探究、发言)？

【设计意图】这个启发性问题在于引领学生对刚刚的研究过程进行反思，对研究过程和研究方法进行概括，特别是对研究方法的概括显得非常重要，即由物理中求合位移的方法，再结合数学中向量的自由性而获得向量加法的三角形法则。这是对研究方法的概括，这个研究方法对后面的研究有启发和示范作用，为学生可以类比这个研究方法对接下来的问题进行独立探究创造了条件。

况且，学生的概括能力对数学学习尤其重要。概括本身是重要的思维动作（心理动作），概括能力也是重要的数学能力，培养学生的概括能力是数学教学的重要任务。及时的概括总结也有利于使学生应该获得的方法落到实处。因此，不仅这种重要的内容需要进行概括总结，而且在教学和学习过程的各个大阶段、小阶段都要做必要的概括总结。

启发性问题8：刚刚我们从求合位移的方法中得到向量加法的三角形法则，现在还有没有获得向量加法的其他法则？类比物理中的求矢量合成的其他方法（时间等待，小组合作、交流、探究、发言）。

【设计意图】由于学生刚刚已经研究过向量加法的三角形法则，具备相应的研究基础和研究经验，学生自然能想到力的合成方法，这是学生获得向量加法平行四边形方法的物理模型。经过学生的自主探究和小组合作学习，学生很快就能获得向量加法的平行四边形法则：

如图5所示，以同一起点O为起点的两个已知向量$\boldsymbol{a}$、$\boldsymbol{b}$为邻边作平行四边形$OACB$，则以O为起点的对角线$\overrightarrow{OC}$就是向量$\boldsymbol{a}$与向量$\boldsymbol{b}$的和。我们把这种作两个向量和的方法叫作向量加法的平行四边形法则。

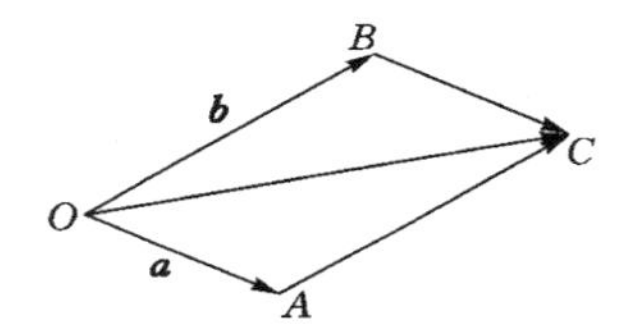

图5　向量加法的平行四边形法则示意图

启发性问题9：大家已经获得了向量加法的三角形法则和平行四边形法则，它们之间有什么区别与联系（时间等待，“由弱到强”地提问）？

【设计意图】现在学生已经获得了向量加法的三角形法则和平行四边形法则，但是学生未必能把握住这两个法则的区别与联系，弄清这两种法则的区别与联系有助于学生将这两个法则清楚地内化在其数学认知结构中，也便于学生从认知结构中提取、利用和迁移。基于此，需要引导学生进一步深入认识这两个法则的区别与联系。于是，就有了启发性问题9。学生通过比较所学向量加法的三角形法则和平行四边形法则，不难发现：三角形法则——两向量首尾相连接；平行四边形法则——两向量共起点。

启发性问题10：回顾一下我们今天获得向量加法的三角形法则和平行四边形法则，你有什么收获？

【设计意图】引导学生对本节课的研究过程进行回顾与反思，以联系的视角重新审视研究所获得的概念、命题等及其获得这些概念、命题的方法，建立这些概念、命题及其方法之间的联系，使得这些知识及方法以空间网状结构存在，并保持一定的弹性和开放性，以利于学生迁移、同化或顺应新知识及其新方法。

思考题：今天我们研究的都是非零向量，如果零向量参与运算，结果如何？向量加法是否具有类似实数加法的交换律、结合律呢？我们下节课继续研究。

参考文献

[1] 涂荣豹，王光明，宁连华. 新编数学教学论[M]. 上海：华东师范大学出版社，2006：126-223.

[2] 涂荣豹. 数学教学认识论[M]. 南京：南京师范大学出版社，2003：15-26.